汉译世界学术名著丛书

# 物 理 学

〔古希腊〕亚里士多德 著

张竹明 译

商务印书馆
创于1897　The Commercial Press

Ἀριστοτέλης

# ΦΥΣΙΚΗ ΑΚΡΟΑΣΙΣ

From the improved

Greek texts in the

Loeb Series

New York

1929

译自勒布丛书 1929 年希腊原文修订版

亚里士多德

雅典学派

# 汉译世界学术名著丛书
## 出 版 说 明

我馆历来重视移译世界各国学术名著。从五十年代起,更致力于翻译出版马克思主义诞生以前的古典学术著作,同时适当介绍当代具有定评的各派代表作品。幸赖著译界鼎力襄助,三十年来印行不下三百余种。我们确信只有用人类创造的全部知识财富来丰富自己的头脑,才能够建成现代化的社会主义社会。这些书籍所蕴藏的思想财富和学术价值,为学人所熟知,毋需赘述。这些译本过去以单行本印行,难见系统,汇编为丛书,才能相得益彰,蔚为大观,既便于研读查考,又利于文化积累。为此,我们从 1981 年着手分辑刊行。限于目前印制能力,1981 年和 1982 年各刊行五十种,两年累计可达一百种。今后在积累单本著作的基础上将陆续汇印。由于采用原纸型,译文未能重新校订,体例也不完全统一,凡是原来译本可用的序跋,都一仍其旧,个别序跋予以订正或删除。读书界完全懂得要用正确的分析态度去研读这些著作,汲取其对我有用的精华,剔除其不合时宜的糟粕,这一点也无需我们多说。希望海内外读书界、著译界给我们批评、建议,帮助我们把这套丛书出好。

商务印书馆编辑部

1982 年 1 月

# 译者前言

读者们看见这本书的书名叫做《物理学》，一定以为这里面讲的是力学、电学、声学、光学之类，翻开扉页一看，里面却看不见一个公式、图表或数字，一定会感到奇怪。再一看作者是著名古希腊哲学家亚里士多德，所讲的又都是一些难懂的话，你大概就会猜到这是一本哲学著作了。

的确是的，这是一本哲学著作。不过《物理学》不是一门纯哲学，亚里士多德的纯哲学著作是《形而上学》。《物理学》是一门以自然界为特定对象的哲学。因此，它不同于我们现在的物理学，但却包括了现在的物理学，也包括了化学、生物学、天文学、地学等等在内，总之，涉及整个自然科学。但它又不是近现代以实验为基础的分门别类的自然科学，它只研究自然界的总原理，论述物质世界的运动变化的总规律。所以说它是一门哲学，是自然哲学。

书名原打算译为《自然哲学》。那么，为什么现在译做《物理学》呢？这里有一个翻译的历史问题。《物理学》原来希腊文是 $\phi\upsilon\sigma\iota\kappa\eta$（我们且不论这个书名是亚里士多德自己取的，还是他的学生或更后来的编者加上的），从词源角度理解，$\phi\upsilon\sigma\iota\kappa\eta$ 来自 $\phi\upsilon\sigma\iota\varsigma$（自然），应译为《自然哲学》或《自然论》。早期叙利亚文和阿拉伯文是怎样译的没有见过，我们知道中世纪拉丁文也由希腊文音译为 Physica。但到近代译成欧洲各民族语文时出现了两种情况，一种按希腊文或拉丁文音译，另一种则用本民族语文中现成的词译，后者如英文译名就用了 Physics（物理学）一词。我们中国接受西方古典文化大抵从英文，由英文译成中文时书名成了《物理学》。由于这是一本名著，书名早已在历史书和哲学史书籍中屡屡出现，有了定译，现在也就只得约定俗成了。幸好，从中文固有词义理解，"物理"二字本来就有"关于物的原理"之意，而且大物理学家如牛顿、爱因斯坦等的物理学说也都涉及自然哲学，所以我终于决定译为《物理学》了。

　　亚里士多德讨论自然问题的著作，除了这个《物理学》而外还有《天论》、《生灭论》、《气象学》、《动物志》、《论动物结构》等等。它们都研究自然界某一特定方面，或为天文学或为动物学或为气象学，虽然也发挥了作者的自然哲学观点，对《物理学》有所补充，但它们与其说是哲学著作还不如说是原始的自然科学著作更恰当些。这些著作虽然在很长一段时间内也曾经是很重要的（例如《天论》曾经是托勒密地球中心说的理论根据，在哥白尼学说出世之前一直保持着自己的权威），但随着近代实验自然科学的出现，亚里士多德的这些著作的结论已大都显得陈腐不堪，成为科学史上的陈迹了。

　　《物理学》则不同，它的不少结论至今还是正确的。《物理学》承认物质是世界的基础，自然界是在不断运动变化着的，没有任何一段时间里没有运动。这个结论也是辩证唯物主义的基本出发点。关于运动的学说是《物理学》的精华，是亚里士多德对自然哲学的一大贡献。他根据各种运动形式有质的不同，第一次将运动分为：（一）实体的变化：产生和灭亡，和（二）非实体的变化：①性质上的变化,②数量上的变化——增加和减少,③空间方面的变化。他还明确指出:空间方面的变化即位置的变动是运动的基本形式。《物理学》关于时间和空间的论述是对自然哲学的另一巨大贡献。这个问题那时还刚由德谟克利特提出不久,还没有得到任何讨论。亚里士多德第一个全面深入地论证了这个问题。他首先指出时间、空间和运动的不可分割性,运动是时间、空间的本质,运动在时间、空间中进行;运动是永恒的,时间是无始无终的;时间和空间都是无限可分的,虽然他不承认空间在延伸上的无限。亚里士多德的时空观在两千多年间都是先进的。后来牛顿提出了绝对时间和绝对空间的概念。亚里士多德虽然有点"绝对空间"的意思,但他的"时间"概念不是"绝对时间"。爱因斯坦相对论的出现不能说是对亚里士多德时空学说的否定,倒是将亚里士多德的时空学说向前推进了一步。相对论揭示了:对于不同的参照系,空间的度量和时间的节奏是不同的,随着运动速度的增加时间过程变慢空间发生"弯曲"。这可以说是在更高的水平上证明了空间和时间对运动着的物质的依赖性。

　　亚里士多德关于运动的学说是《物理学》的主要部分,《物理学》第三章到第八章都是讨论运动,所以把《物理学》叫做运动论也无不可。我们认为关于运动的学说是《物理学》的灵魂。我们说这本书的基本倾向是唯物主义的,充满自发辩证法的猜测,也就是着眼于它的运动学说。当然,这并不意味着亚里士多德的运动学说全部都是正确的,其中涉及的不少自然科学观念就和《天论》之类著作中的结论一样已经过时。例如,他认为物体都有趋向其"自然处所"的特性,以及物体的运动或静止、运动速度的大小都决定于外力的推动等等。

　　《物理学》的错误主要表现在唯心主义的四因说上。亚里士多德在《物理学》中创立了四个原因或曰四个本原的学说，即用物质（质料）、形式、目的和动力（推动者）这四个原因来解释自然万物的运动和变化。（亚里士多德在吕克昂学院讲学是先讲《物理学》后讲《形而上学》的，所以四因说不是在《形而上学》而是在《物理学》中首先提出的。）根据四因说，自然物由物质和形式组成，形式和物质是可以分离的，于是有离开物质而独立存在的形式，事物的本质不是物质而是形式。在亚里士多德看来，自然物的运动和变化就是物质的形式化。而推动物质形式化的动力也不在物质内部而是外来的，整个宇宙也是在一个来自自然界以外的非物质的第一推动者推动下合目的地运动着。这是一幅非常生动的然而是唯心主义的宇宙图卷。首先，作为宇宙运动根源的第一推动者，亚里士多德说是一个非物质的、自身不运动的、神圣的、处在天球最高处的非自然界的东西，当然就是神了。用哲学的术语说就是宇宙精神。这个第一推动力的问题是一个争论了两千多年，人们写了无数论文的题目。从神学家到科学家从唯心主义者到唯物主义者都讨论过这个问题。从托马斯·阿奎那起基督教神学就一直利用这个第一推动力的学说论证上帝的存在。伟大科学家牛顿在自己的学说陷于不可解脱的矛盾时也求助于这个第一推动力，并相信一个"非常精通力学和几何学的"上帝的存在\*。亚里士多德四因说的唯心主义性质其次表现在目的论上。他认为自然活动就像工程师建

---

　　\*　《牛顿自然哲学著作选》第 57 页（上海人民出版社 1974）。

造房屋一样是有目的的。燕子做窝、蜘蛛结网、植物长叶子、根部往下长都有目的。他说,我们不能因为我们看不到能有意图的推动者就否认自然活动具有目的。目的论不是亚里士多德第一个提出的,但经过他在《物理学》中论证之后成了科学体系中的一个组成部分,以致直到今天还有不少生物学家相信目的论。至于基督教神学家更是一向乐于利用它来为资本主义的剥削制度辩护,宣传人世的秩序和自然的秩序一样都是上帝按自己目的安排好的,应当永世长存。

　　亚里士多德《物理学》就是这样一个复合的体系。它一方面承认世界的基础是物质,自然界是在永恒运动着的,但对运动的根源(动力)的解释却是唯心主义的。《物理学》在体系上的这种矛盾情况在后来两千多年间对西方思想,特别是对自然科学观念曾经发挥过复杂的影响,这种影响有时是积极的,有时是消极的。因此我们今天介绍这部作品,既希望有助于全面真实地认识亚里士多德本人的思想,也希望有助于了解他以后的西方哲学史和自然科学史。

张竹明

1980 年 1 月

# 目　　录*

---

\* 按原书在正文中只注明章、节，无标题，现照原书。

# 第 一 章

## 第 一 节

如果一种研究的对象具有本原、原因或元素，只有认识了这些本原、原因和元素，才是知道了或者说了解了这门科学，——因为我们只有在认识了它的本因、本原直至元素时，我们才认为是了解了这一事物了。——那么，显然，在对自然的研究中首要的课题也必须是试确定其本原。

通常的研究路线是从对我们说来较为易知和明白的东西进到就自然说来较为明白和易知的东西，因为对我们说来易知和在绝对意义上易知不是一回事。因此在这里也必须这样，从那些就自然说来不易明白，但对我们说来较易明白的东西进到就自然说来较为明白易知的东西。①

对我们说来明白易知的，起初是一些未经分析的整体事物。而元素和本原，是在从这些整体事物里把它们分析出来以后才为人们所认识的。因此，我们应从具体的整体事物进到它的构成要

---

① "对我们说来较为易知的"指就我们人的感觉经验而言较为易知的；"'就自然说来'或'就本质说来'较为易知的"，是指在理论上较为易知的。参看后面189ª4。

素,因为为感觉所易知的是整体事物。这里把整体事物之所以说成是一个整体,是因为它内部有多样性,有它的许多构成部分。

184ᵇ10　　名称和定义的关系在这方面有某种相同之处,名称,例如"圆",笼统地指出某一整体,而其定义把它分析为各个构成部分。小孩子也这样,起初总是把每一个男人都叫做爸爸,把每一个女人都叫做妈妈。到后来才逐渐将他们辨别清楚。

# 第 二 节

184ᵇ15　　必然有一个或多个本原。如果只有一个的话,那么这个本原若非不变的(如巴门尼德和麦里梭所主张的)就是可变的(如自然哲学家们所主张的,他们之中有人说空气是第一本原,有人说水是第一本原);如果有多个本原的话,那么,其数目不是有限的就是无20　限的。假设本原为数是有限的,那么纵然是多个,也必然是两个、三个、四个或其他某一数。假设本原为数是无限的,那它们就或如德谟克利特所认为的,虽然于形状或种是不同的,但是属于同一类;或者不但不同类,甚至还是对立的。①

寻求存在的数目的学者们也在作同样的探讨。因为他们要探求的首要问题,也正是这个构成现存万物的东西是一个呢还是多25　个;如果是多个的话,是有限的呢还是无限的这些问题。所以他们也是在探索本原或元素是一个呢还是多个的问题。

---

①　阿拿克萨哥拉主张对立为本原。这里说到德谟克利特的原子,是属于同一类的;而阿拿克萨哥拉的本原却不仅是不同类的,而且还是对立的。

研究"存在只有一个且是不变的"①这一说法不是自然科学的
课题。恰如同否认有几何学原理的人去争论,这不是几何学的课
题,而是另外的一门学科或各门学科共有的课题了。研究本原的
人也不必去和否认有本原的人去争论这个问题。因为如果本原仅
有一个,且是不变的,那它就不能成其为本原了。因为,所谓本原
必须是别的某事物或某些事物的本原。因此,讨论本原是否只有
不变的一个这个问题也像讨论仅仅是为了争论而提出来的其他命
题一样。(诸如赫拉克利特的命题②,或,如(我们假定)有人提出
的,"存在只是一个人"这样的命题。)〔或者好像驳斥一种出于好辩
而作的论证那样,一种麦里梭和巴门尼德式的论证——他们的前
提是错误的,他们的结论又是不合逻辑的——麦里梭的论证更为
粗劣,没有提出像样的疑难问题。〕如果这一个荒谬的说法可以接
受,那这一派的其余的说法也就跟着可以接受了。这个道理是不
难明白的。③ 那么,让我们肯定下来吧:自然物全部或其中一些是
在运动变化着的,这一点用归纳法是可以看得很清楚的。同时,我
们也没有必要来解决一切遇到的疑难,而只要解决那些从公认的
原理出发作了错误的演绎而产生的问题。凡不是这类问题我们就

185ᵃ

185ᵃ5

10

15

---

① "不变的"或译为"不运动的"。

② 赫氏主张对立同一,如"善与恶同一"。(见赫氏著作残篇58。)

③ 古书中常有后人编纂时加进去的插话。此处文字(185ᵃ9—12)与第三节内
(186ᵃ7—12)文字重复,且两处皆与上下文有矛盾。今按勒布古典丛书本意见,将此段
文字分为两处,此处删去方括号内文字,第三节内删去方括号后的这一句,上下文的矛
盾就解决了。因为如果此处保留括号内文字,括号后的这一句和它连成一气,应译为:
"他们的前提是错误的,但他们的结论是从他们的前提得出的。"和括号内文字"他们的
结论又是不合逻辑的"就发生矛盾了。

没有责任去驳斥它。(正如几何学者有义务驳斥想用弓形化圆为
方而没有义务去驳斥安提丰的论断那样。)[1]话说回来,虽然这些
学者研究的不是自然问题,但他们提出了一些不单是哲学上的,碰
20 巧也是自然科学上的问题。因此在这里简略地考察一下这些问题
或许也是有益的,尤其因为这个研究自身有其哲学上的意义。

　　"存在"这个术语有多种不同的含义。所以首先要讨论的最恰
当的问题应是:认为"万物是一"的那些人,(1)认为万物都是实体
呢,还是都是数量呢,还是都是性质呢? 或者(2)他们认为万物是
25 一个实体(如一个人、一匹马或一个灵魂)呢,还是认为都是性质,
并且是同一的性质呢?(如都是白的或都是热的或都是别的诸如
此类的一个性质呢?)须知所有这些说法都是很有分别的,并且都
是不可能的。

　　(1)如果万物既是实体又是数量又是性质,那么,不管这些存
30 在是否彼此互相分离着,存在都是多个。如果万物都是数量,或者
都是性质,那么是否有实体存在呢? 这种主张是荒谬的,如果可以
把不可能叫做荒谬的话。因为除了实体而外没有一个别的范畴能
独立存在,所有别的范畴都被认为只是实体的宾辞。麦里梭说存

---

　　① 用弓形化圆为方,是契阿地方的赫伯克拉特提出来的。他的根据是:既然有某
一种弓形可以化为方形,那么任何曲线形就都可以这样了。然而事实上是不行的。
　　安提丰的方法是穷竭法。他在圆内作一正方形,然后在各边上作等腰三角形,这
样一再地作下去,他推断说,最后的内接多边形面积等于圆。这方法涉及否定了一条
几何学原理,即每一几何量都是可以无限地分割,而只能给出一个近似值。——英译
本注
　　编者按:关于古希腊的这个几何学的问题的争论,可参阅〔美〕M. 克莱因著《古今数
学思想》第一册,中译本,上海科技出版社 1979 年 10 月版,第 46—47 页,第 94 页。

在是无限的,那就是一个数量了。因为无限只属于数量,而实体和
性质(或影响)都不能说是无限的,(除非是指由于偶性而无限,即
如果它们同时也是一个数量的话①。)因为在"无限"的定义里用到
的是数量的概念,而不是实体或性质的概念。那么,假如因而存在
既是实体又是数量的话,它就是两个而非一个了;如果它仅是实体,
那就不能是无限的了,也根本不能有大小,因为大小就是一个数量。

（2）再说,"一"本身,也像"存在"一样,有多种不同的含义,所
以我们必须研究人们所说的"万物是一"是指哪一种含义。所谓
"一个"可以是指(a)连续的事物;也可以是指(b)不可分的事物②;
也可以是指(c)定义相同,即本质相同的事物,如 $\mu\acute{\epsilon}\theta\upsilon$ 和 $o\grave{\iota}\nu o\varsigma$ 都
是"酒"的意思。

（a）如果"一"是指的连续的事物,那么一就是多,因为连续事
物可以被无限地分割。(这里有一个关于连续事物的部分和整体
的疑难问题——或许和目前的论证无关,而是为了这个问题本
身——即,部分和整体是一呢还是多,并且怎能是一或多的;如果
是多的话,又是何种意义上的多。)还有一个关于由不同的部分组
成的非连续的整体的疑难问题,即,这样的部分(作为和整体不同

---

① "由于偶性"(拉丁文 per accidens)常用来对立于"由于自身"(由于本质)。例
如,三角形诸角之和等于两直角,就是因三角形的本质(由于自身),而白的东西有六尺
高,就不是因它的白(由于自身),而是因一个并非白所必然包含的属性(由于偶
性)。——英译本注

② "连续的"和"不可分的"这两个词都有几种不同的含义。作者在这里用的是严
格的数学意义,以之作为象征。"连续的"用于一维、二维、三维的量,而"不可分的"用
于它们的限点、限线和限面;点在三维空间方面皆不可分,线在宽和高方面不可分,面
仅在高方面不可分。

的)如何存在,如果说每一个部分都是和整体不可分的一,那么各部分相互间也是不可分的一吗?

(b)而如果"一"是作为不可分的一,它就不能是数量(也不能是性质)了。于是唯一的存在就不能像麦里梭所说的,是无限的;也不能像巴门尼德所说的,是有限的,因为虽然限是不可分的,但被限者并不是不可分的。①

20　(c)如果"万物是一"是指定义相同(如 λώπιον 和 ἱμάτιον 都是"衣服"),结果就变成他们是在赞成赫拉克利特的理论了,"是好的"和"是坏的"或者"是不好的"和"是好的"就会是同一的了。——因此,同一事物就会既是好的又是不好的,既是人又是马了。于是他们论证的就不是"存在是一"而是"存在非一"

25　了②。——并且,是某种性质的和是某种数量的也会是同一的了。

甚至有些较晚期的古代思想家担心在自己的笔下同一事物会变得既是一又是多了。因此其中有些人(如琉卡福③)干脆把"是"这个系辞废掉了;还有些人则篡改语言,不说"这人是白的",而代

30　之以"这人已经变成白的了",不说"他(是)在走路",而代以"他走路",担心加上了"是"这个词以后会造成"一个是多个"的结果,仿佛"一个"和"存在"都只有一个含义似的。事实上一个事物无论就不同的定义而言,还是在可以分割的意义上说都可以是多个。前者如"是白的"和"是有教养的"不同,但同一个人可以既是白的又

---

① 如限定线的点是不可分的,但被限定的线并不是不可分的。——英译本注
② 参见前面 185ᵃ7。如果两个矛盾的宾辞可以同时断言同一事物(主辞)的话,我们就既可以说"万物是一",也可以说"万物非一"了。
③ 高吉亚斯的学生和辩护人。——英译本注

是有教养的,所以一个就是多个了;后者如一个整体和由它分成的
许多个部分。他们正是在这里曾经感到无所适从,并且不得不承　186ᵃ
认了"一就是多"——仿佛同一事物不可能既是一个又是多个似
的,其实并不矛盾,因为"一"可以是指潜在的一也可以是指现实
的一。①

# 第 三 节

　　用这样的方法继续研究下去,就会明白,"存在是一"是不可能　186ᵃ4
的,就不难驳倒他们证明这种主张所用的论证法。须知巴门尼德　5
和麦里梭都是强词夺理的——他们的前提是错误的,他们的结论
又是不合逻辑的——尤其是麦里梭的论证更为粗劣,没有提出像
样的疑难问题。②　　　　　　　　　　　　　　　　　　　　　　　10

　　麦里梭用的是错误的论证方法,这是很明显的。他从"凡属产
生的事物都有一个开始"推论到"凡非产生的事物都没有开始"。③
其次这个前提也是不对的。他认为在无论什么情况下都有事物的
(不是时间上的)开始,不仅在事物的绝对的产生里而且还在事物　15
的性质变化里都有开始,好像从来不曾有过整个作用范围内的同

---

　　① 作者的意思是说,现实的一个可以同时是潜在的多个。
　　② 此处删去两行原文,详见第二节 185ᵃ9—12 的注。
　　③ 作者的意思是说:正确的形式逻辑的三段论,从"凡产生的事物都有一个开始"
只能推论出"凡没有一个开始的都不是产生的事物",不能推论出"凡非产生的事物都
没有开始"。

时发生的变化似的。①

　　其次"一"为什么就一定意味着不能运动变化呢？又，若一个确定的物体如水，作为一个内部没有性质上的差异的统一体，它在自身内能运动，那么，为什么宇宙整体不能这样呢？再说，又为什么不能有性质的变化呢？当然，宇宙万物在形式上不能是同一的（除非是说，在所由构成的成分上是同一的。——在这种意义上，有些自然哲学家主张它是同一的，但在前一种意义上，他们不主张它是同一的），人和马在形式上是不同一的，对立两者在种上也彼此不同。

　　这个论证法也适用于批评巴门尼德（当然另外还有一些论证法是专门用于批评他的）。因为这里要指出的也是：他的前提是错误的，他的推论是不合逻辑的。他的前提是错误的，因为他把"是"理解为只有一种含义，事实上它有多种含义。他的推论也是错误的。假设只有白的东西存在②，并且"白的"只有一种含义，那么白的东西还会是多个而非一个。须知，白的东西不仅就连续性而言不会是一个，而且就定义而言也不会是一个。因为"是白的"和白

---

　　① 〔麦里梭残篇1〕：存在着的事物，过去一直存在着，并将永远存在下去。因为它若是产生得来的，则在它产生之前必定是无；若它曾经是无，可是从来不曾有过什么东西能从无中产生。〔麦里梭残篇2〕：那么，既然它不是产生得来的，既然它过去一直存在着，将来还要永远存在下去，那么它就没有开始或终结，而是无限的。

　　亚里士多德不公正地指责麦里梭：从"没有时间上的开始"推论到"没有空间上的开始（限）"，又从"没有从无出发的绝对产生"推论到"没有性质变化的开始"。

　　在本书253ᵇ25，亚里士多德以结冰作为在整个作用范围内同时发生性质变化的实例。

　　② 这里是设想有那么一个人，他主张："只有是白的东西存在"，以代替巴门尼德"只有'是'的东西存在"这一命题。

的事物在定义上是不同的。这种区别倒不是指有什么东西在白的
事物以外分离地另外存在着,因为"是多个"并非因分离而是因"白
的"和它所依存的主辞之间概念上的区别而这样说的。不过巴门
尼德还没有理解到这种区别。

　　因此巴门尼德不仅要假定"存在"这个词不管作什么东西的宾
辞,都是一个意思,而且还要假定(1)它是"正是"这个意思①,(2)
并且是(不可分的)"一"。关于(1)我们说,因为一个属性在语法上
是被用来做某一主辞的宾辞的,因此这个属性的主辞就不能是"存
在"了(因为它应该异于"存在"),就会因此是一个"不存在"了②。
照此情形"实体"不能作别的东西的宾辞,因为否则它的主辞就不
能是一个"存在"了,除非"存在"有多义,并且每一义各是一种"存
在"。但根据假定,"存在"这个词只有一个意思。那么,如果"实
体"不是别的任何东西的属性,相反,别的东西是它的属性,"实体"
为什么是指"存在"而不是指"不存在"呢? 因为假设"实体"也有
"白的"这一属性,并且"是白的"有别于"实体"(因为"白的"甚至不
能以"存在"作自己的属性,如果除了"实体"而外更无其他的"存
在"),所以说"白的"是"不存在"——不是指某一特定的"不存在",
而是指完全意义上的"不存在"。说"实体是白的"也是真的,而"白
的"是指"不存在",因此"实体"就"不存在"了。如果要避免这一

30

35

186b

5

10

----

① "是"("存在")这个词所用的各种不同的含义,在文法语句上就是宾辞的各种
型或式,在逻辑上就是各个范畴。这里说的"正是"是指实体,(以下均译为"实体")其
他的"是"是指属性。

② 这个推论是这样得来的:如果所说的"是"不是实体,而是属性,那么,作为属性
的主辞的"存在"就是"不存在"了。

点，说"白的"也是指"实体"，那么"存在"就有多义了。

因而，若"存在"的意思是"实体"，那么它也不能有量（大小），否则它的每一个部分就各是一个不同意义的"存在"了。

(2)一个"实体"可以分析成为几个别的"实体"，这由定义看来
15 是很明显的。试以人为例，"人"是一个"实体"，"动物"和"两脚的"必然也是"实体"①。因为它们如果不是"实体"就会是属性，是(a)属于人或(b)属于其他某个主体的属性。但这都是不可能的。(a)因为属性被认为或者是可以属于也可以不属于主体的，或者是在
20 它自身的定义里已经包括了属性所属的主辞（前者如"坐下"作为可以分离的属性，后者如在"塌鼻子"的定义里已经包括了鼻子的定义——我们说"塌鼻子"是"鼻子"的属性）。再说整体事物的定
25 义是不被包括在联合起来给它下定义的各构成部分的定义里的（如"人"的定义不包括在"两脚的"的定义里，"白人"的定义不在"白"的定义里）。如果是这样，又如果"两脚的"是人的属性，它必
30 然或者是可分离的，因此"人"可以不是两脚的，或者是，人的定义被包括在"两脚的"定义里。但这不可能，因为事实正好相反。(b)又假若"两脚的"和"动物"都不是"实体"，而是除了人而外的别的事物的属性，那么人也会是别的事物的属性了。但是必须肯
35 定"实体"不是任何事物的属性；也必须肯定这个说法对于定义的要素（彼此分别的，如"两脚的"和"动物"）是合适的，对于由它们合成的事物（"人"）也是合适的。因此宇宙万物都是由多个不可分的"实体"合成的。

--------

① 亚里士多德认为："人"的定义就是"两脚的动物"。

曾经有些思想家在以下两个论证面前屈服了。屈服于第一个 <sup>187a</sup>
论证"若'存在'只有一个意思,则万物是一"。是因为承认了有"不
存在"这东西;屈服于另一个由二分事物发生的论证,是因为他们
假定了有一些不可分的量存在。但是显然,"若'存在'只有一个意 5
思,且不能同时有相反的意思,因此就不会有任何'不存在'"这个
推论是错误的。因为"不存在"很可以不是指绝对的"不存在",而
是指某一特定的"不存在"。所以"若除了'存在本身'而外就不再
有别的什么,因此万物就应是一"这种说法是荒诞的。因为有谁把
"存在本身"理解为"实体"以外的东西呢? 但是,即使如此,"存在" 10
依然可以如已说过的,是多。

因此显然,存在("是")在这种意义上,不可能是一。

# 第 四 节

现在我们转而谈自然哲学家的主张,他们的主张分成两派。<sup>187a12</sup>
一派主张存在的基础物是一——三物①之一,或是比火更密比气
更稀的物——由这个基础物通过密集和稀散的作用而产生别的事 15
物,达到"多"。但密和稀是一组对立,用较一般的术语说,就是"过
量"和"不足",如柏拉图提出大和小。不过他提出的对立的大和小
是说的质料,"一"是指的形式②,别人却以基础的质料是"一",对
立是指差异,亦即形式。另一派人主张对立是在"一"之中,是由它 20

---

① 水、气、火。
② Tò εἶδος 在柏拉图体系中是"理念",在亚里士多德体系中是"形式"。这里是
说"一"相当于"亚里士多德体系中的'形式'"。

分出来的。如阿拿克西曼德就是这么说的。还有所有主张"存在是一又是多"的那些人，如恩培多克勒和阿拿克萨哥拉，也是这样说的。他们主张万物都是由混合体中分离出来的。不过，他们的说法也有分别。恩培多克勒设想由混合到分离是一个周而复始的循环过程，阿拿克萨哥拉设想这是一个单向连续的过程。后者还主张同种体①以及对立物在数目上都是无限的，而恩培多克勒仅提出了四个所谓的元素。②

25

阿拿克萨哥拉主张本原为数无限，似乎是由于他接受了自然哲学家共同的见解"没有任何事物是由不存在产生的"。正是因为这个理由，他们才说道："万物原都是一起存在的"，而产生无非是把它们加以排列而引起的性质变化而已；另一些人说，产生是原初物体的合与分。

30

其次，阿拿克萨哥拉根据对立的东西互相产生这个事实，断言它们的这一个已经存在于另一个之中。既然一切产生的事物只能是由存在或由不存在产生的，而由不存在产生又是不可能的（这个原则是所有自然哲学家都同意的），他们认为必然只好是由已存在的，也就是说，已经包含在别的事物里的那些东西产生出来的，只不过这些东西小得我们无法看见。因此他们主张每一个东西都已被混合在每一个别的事物里，因为他们看到每一个事物都从每一个事物里产生出来。事物根据混成物的无数成分中哪一个成分占优势而显得彼此不同并得到不同的名称，因为没有一种事物是完

35

187b

5

----

① 譬如说人体的肉是由无数同种的小块肉，血由无数同种的小血滴组成。这种小肉块、小血点之类就叫做同种物。

② 火、气、水、土。

全纯粹地存在着的,诸如"纯白的"、"纯黑的"、"纯甜的"、"纯肉"或"纯骨";正是每一个事物所具有的优势成分被认为是事物的本性。

(1)如果无限作为无限的,是不可知的,那么,如果事物的多少或大小是无限的,它的数量就是不可知的。如果它的种是无限的,它的性质就是不可知的。因此,如果本原的数量和种都是无限的,就无法知道由这些本原构成的事物了。因为只有在我们知道了构成它的成分的性质和数量时,我们才算是认识了这个合成的事物。

(2)若说一事物的部分可以是任何大或任何小的,那么该事物也就必然可以是任何大小的了(我这里所说的部分是指整体被分解成的部分),既然一个动物或一株植物不能是任意大或任意小的,显然其部分也不能是任意大或任意小的,因为否则整体同样也会是任意大或任意小的了。譬如肉、骨等等是动物的部分,果实是植物的部分。显然,无论是肉、骨还是别的什么,其大小都不能是任意的。

(3)若说一切事物都已彼此互相含有,它们不是产生出来的,而是分出来的,并且根据数量上优势的成分获得名称。又,任何事物都可以从任何事物中分出来,如水从肉中或肉从水中分出来。但是任何一个有限的物体在这不断分的过程中都是会被完全消耗掉的。因而显然,每一个事物存在于每一个事物中是不能的。当肉从水中分出来,还有肉再分出来时,被分出来的肉会不断地减少,终究还是不能小于某一最小的量。因此,如果这种分离过程能有结束,那么每一个事物在每一个事物中的说法就不符合事实了,因为在余下的水中再不含有肉了;假定这种过程不能有结束,而是能不断地分离下去的话,就会有无限数的物体被包含在一个有限的物体里了,这是不行的。

35　　(4)此外,如果说任何物体在被分离掉某物以后必然会变小,
又,肉无论在大还是小的方面其量都是有限的,那么显然,从最小
188ᵃ 的肉里是分离不出任何东西来的,否则就低于它的最小量了。

　　(5)再者,若说在无限数的东西的每一个里都已经各含有无限
多的肉、血和脑,虽然都分散着(因而看不出来),但都确凿地存在
5　着,于是其中的每一个都是无限的了。这是不合理的。

　　"没有完全的分离"阿拿克萨哥拉说这句话虽然是不自觉的,
但还是说得对的。例如影响①就是不能单独存在的。因此,假定
说颜色或状况已经被包含在原来的混合体内,如果从它那里分出
来,那么就会出现一种"白"或"健康"自身,也就是说,它们不是任
10 何主辞的宾辞。因此如果他的"理性"要想把这样的东西分出来,
那他就是在追求不可能的事情了。这种企图是荒诞的。并且,无
论就量而言还是就质而言这种事情都是行不通的。量的方面因为
没有一个最小的量,质的方面因为"影响"是不能独立存在的。

　　他关于由同种物产生的说法也是不正确的。因为在一种意义
15 下,一块潮泥可以被分成许多块较小的潮泥,但在另一种意义下就
不是这样了(而是被分成土和水)。而水和汽并不是彼此组成、相
互产生的,这和拆开房屋得到砖石或用砖石建成房屋是不同的。

　　因此,还是像恩培多克勒的做法,假定有限的少数几个元素比
较好些。

---

① 事物的颜色等等对人的感官的影响,一般地说就是事物的性质。

# 第 五 节

　　所有的学者都提出了对立作为本原。其中包括了主张"万物 [188ᵃ19]
是一且是不动的"人们（如巴门尼德也提出了冷和热作为本原，他 [20]
把它们叫做土和火），也包括了主张稀和密是本原的人们①。还有
德谟克利特。他主张实和空是本原，他把前者作为存在后者作为
非存在；他还认为原子的位置、形状、次序这些类的种也有对立：位 [25]
置有上和下，前和后，形状有角、直、曲。

　　那么可以明白他们是如何把对立定为本原的了。这是很有道
理的，因为既是本原就应该不是相互产生的，也不是由别的事物产
生的，而是应该万物皆由它产生。在"原初对立"这个名称里包含
了这些条件。——因为它们是"原初"的，就不是由别的事物产生， [30]
因为它们是对立的，就不是彼此互相产生。但是还必须研究一下
这个结论的含义以及它是如何根据逻辑论证得到的。

　　我们首先必须肯定任何事物都不能随便地互相影响互相产 [35]
生，除非是指因偶性而如此。例如"有教养的"若非碰巧是一个非
白的或黑的事物的偶性的话，"白的"②又怎能由"有教养的"产生
呢？白的由非白的产生，不是由随便什么非白的，而是由黑的或某 [188ᵇ]
一黑白之间的颜色产生的。同样的"有教养的"由"非有教养的"产

---

① "稀和密"是阿拿克西门尼第一个提出的，亚里士多德在本书187ᵃ15处将它归
属了别的伊奥尼亚学派的一元论者。（参见蒂尔斯辑录《苏格拉底前哲学家残篇》
3A5。）

② "白的"、"黑的"在这里显然是指人的肤色而言。

生,不是由随便什么"不同于有教养的",是由"无教养的"或某一可
能存在的它们的中间状态产生的。其次事物消失时也不会变成别
5 的纯偶然的事物。例如"白的"若非因偶性是不会变成"有教养
的",只会变成"非白的"。而且还不是变成随便什么"非白的",而
是变成黑的或黑白之间的颜色。同样,"有教养的"变成"非有教养
的",也不是变成随便什么"非有教养的",而是变成"无教养的"或
者某一可能有的中间状态。

这个道理也同样适用于别的一些事物;一些非单一的,即合成
10 的事物,也服从这同一原理;只是因为没有适当的术语命名它们的
对立面,以致我们没能觉察到这一点罢了。例如一切谐和的事物
必然由不谐和的事物产生,不谐和的也由谐和的产生。谐和的消
失变成不谐和的,也不是变成随便什么的不谐和,而是和谐相反
15 的状态。我们将它说是谐和、配置或者合成都一样,因为原理显然
是相同的。事实上,无论是房屋、塑像还是别的什么合成的事物的
产生,也都是依照同一原理。因为房屋是由无结构的,互相分离着
的材料造成的,塑像或者任何一个已被制成的事物也都是由未定
20 形的材料做成的。所有这些事物的产生有的是通过形式的配置有
的是通过材料的结合实现的。

如果这是正确的,那么所有产生的事物全都是从与其对立的
或对立两者中间的事物产生的,所有消失的事物也都变成了其对
立或中间的事物。而中间事物也是由对立两端以不同的程度合成
25 的,如由黑和白配合成的各种颜色。因此在自然过程中产生的一
切事物若不是对立两者之一本身,就是由对立两者合成的。

到此大多数其他学者已经差不多意见一致了。如我在前面说

过的,他们大家都提出了对立作为元素(即他们所称为的本原)①,虽然他们没有作出理由充足的论证,而是迫于真理本身才这样做的。但另一方面他们也有不一致的地方:有些人提出的对立比较居先,有些人提出的对立比较居后②。也就是说有些人提出的对立在理性上比较易知,有些人提出的对立从感觉说来比较易知。例如有些人提出变化的原因是冷和热,有些人说是干和湿;还有的人说是奇和偶③,有的说是爱和憎④。这些说法有一致,又有不同。它们的不同是大家公认的;而它们的一致则是指彼此类似,因为它们都是由同一个表里取来的⑤,但有的对立概括别的对立,范围较宽;有的却被别的对立所概括,范围较狭。

他们提出的对立就在这样的程度上又有一致,又有差异。有些人的提法劣些,有些人的提法优些。如已说过的,有的人提出的对立在理论上较为易知,有的人提出的对立在感觉上较为易知——一般性的东西在理性上较为易知,个别的事物为感觉所较易知,因为理论阐述是和一般性发生关系的,而感觉是和个别的事

---

① 在苏格拉底之前还没有用过"元素"(στοιχεῖον)这个术语,而是用的"本原"(ἀρχή)。

② 这里系指就自然而言居先或居后。就自然而言居先的东西在理论上较为易知,但不为感觉所易知;就自然而言居后的东西为感觉所易知。参考本书184ª20的注。

③ 毕达哥拉斯派把奇(有限)和偶(无限)作为"数的元素"。参考《形而上学》986ª15。

④ 爱憎是恩培多克勒提出的,作为对立的动因。参考《形而上学》985ª30。

⑤ 毕达哥拉斯的十对立表:有限 奇 一 右 雄 静 直 明 善 正

　　　　　　　　　　　　　　无限 偶 多 左 雌 动 曲 暗 恶 斜

参考《形而上学》986ª22。

物发生关系的,例如大和小就属于前一类①,而稀和密则属于后一类。

10　　　于是本原应为对立,这是很明白的了。

# 第　六　节

189ª11　　接下来应该讨论:本原是两个、三个还是更多呢?

　　不能是一个,因为一个不能对立;也不能为数无限,若是无限

15 的,存在就会是不可知的。在任何一个类里只能有一对对立,而实体整个地属于一个类。又,有限的数目是能解决问题的,有限的数目如恩培多克勒只提出四个元素,比无限的数目好,因为从阿拿克萨哥拉的无限中能得到的一切,都可以从他的四个元素里得到。再者,有些对立比别的对立更为一般,而有一些对立则是从别的对

20 立派生出来的(如甘和苦、白和黑)②,本原应当在任何时候都是一般性程度高的。由此可见,本原既不是一个也不是为数无限的。

　　既然本原为数应是有限的,就有理由假定不止两个。因为(1)没有见到过例如"密"以任何方式作用于"稀"或"稀"作用于"密"。任何别的对立也是如此,如,"爱"就不能把"憎"引到一处并使它变

25 成某物,"憎"也不能使"爱"变成某物,而只能是两者共同作用于某

---

①　这个"大和小"是指柏拉图所说的"大和小",参考本书187ª17。

②　甘和苦作为一切味的两极,黑和白作为一切色的两极,但这些对立都应被看作是更一般性的对立(如冷和热)的特殊情况(巴门尼德)。〔《论生灭》B卷第2节解释道:次一级的性质对立,如甘和苦,是由原初的(可触知的)对立冷热、干湿派生出来的,因为冷热、干湿的配合构成实体土、气、水、火的本性。次一级的对立是一些不固定的本原。〕

第三者。并且(2)有些学者已经提出了多个这样构成自然万物的本原①。此外(3),如果不提出一个另外的事物做对立的基础,还会遇到以下的困难:我们从未看到过对立本身构成任何事物的实体,而且,既是本原就不应该是某一主辞的宾辞。(否则就会有一 30 个本原的本原了,因为主辞是一个本原,并且被认为是先于宾辞的。)再者(4),我们认为也没有什么和实体对立的实体。那么如何能从非实体产生实体呢? 换句话说,怎能非实体先于实体呢?

因此,如果认为对立是本原,又,对立需要一个基础,这两个结 35 论是正确的,那么,如果要坚持这两条,就必须提出一个第三者作 189ᵇ 为基础。就和有些人主张万物是某一自然物,如水、火或它们的中间物的说法一样。似乎以中间物较为合适,因为火、土、气和水都 5 包含有对立。因此有些人认为基础物体不是这四个元素,是不无道理的。可是有些人把气当作别的事物的本原,因为气和别的事物比起来感觉上的差异最小,其次就是水。但是大家都在用诸如 10 密和稀、多和少这些对立来形成这"一"②。如已说过的,这些对立一般地说就是过量和不足。其实"'一'以及'过量和不足'是存在的本原"这个说法是古已有之的。不过说法不一样,早些的学者把"二"作为主动者,而"一"作为被动者,近来一些的学者反过来,主 15 张"二"是被动者,"一"是主动者。③

因此根据这些以及另外一些类此的理由看来,似乎很有理由(如我们已提出的)说元素有三个,但也不超过三个。因为一个被

---

①　如德谟克利特的无限原子,恩培多克勒的四元素。

②　即基础物体。

③　见本书187ᵃ18。

20 动的本原就够了。若是说元素有四个,就会构成两组对立,就必须
给每组对立分别地提出一个主体,受其作用;若是说有两对,并能
互相产生,那么第二对就会是多余的了。并且原初对立也不可能
25 多于一对。实体是存在的一个类,因此本原只能有一般性程度的
高低,不能有类的不同。因为在一个类里永远只能有一对对立,其
他的对立只能还原为这对对立。

因此很明显,元素不是一个,也不超过两个或三个。但要判断
两个还是三个,如前所述,就有很多困难。

# 第 七 节

189b30　现在,在我们开始这一节的时候,让我们首先对普遍的产生①
作一个总的说明。因为阐述问题的自然程序应是先讲共性,然后
再研究个别的特点。

我们说从一事物产生另一事物,从这种事物产生那种事物,这
里所说的事物既包括单一的事物,也包括复合的事物。我所说的
35 "产生"指下面几种情况:(1)人变成有教养的,(2)没有教养的变成
190a 有教养的,(3)没有教养的人变成有教养的人。在(1)和(2)里所由
变的"人"和"没有教养的"我们可以说它们是单一的事物,而它们
所变成的"有教养的"也是单一的事物;而在(3)"没有教养的人变
成有教养的人"这个场合,所变成的事物和发生变化的事物都是复
5 合的。

────────────────

① 广义的"产生"包括"变成"和绝对的产生。

以上种种场合,我们说这些单一的事物变化时,不仅说它"变成如此",而且也说它"由甲变成如此",例如,由没有教养的变成有教养的。但不是所有上述三种场合都可以这么说,因为我们不能说"由人变成有教养的",而只能说"这个人变成有教养的"。

我们所说的变化起点处的那两个单一的事物,其中之一在变化之后仍然存在着,另一则不再存在了,如"人"仍然作为人而存在着,在变成"有教养的人"时还是存在着;而"没有教养的"或者说"未受过教育的"——不管是单一的还是与"人"结合着的——却不再存在了。

作了这些辨析,如果仔细观察(如我们所做的那样),就能从所有这种种不同的变化里得出结论:在各种情况的变化里都必定有一个东西在作变化的基础①即变化者,而基础虽然就数而言是一个,但就形式而言则是两个。(我这里所说的形式就是指的定义②。例如"人"和"没有教养的"是定义不同的两个名称。)这两个中一个在变化之后仍然存在,另一个在变化之后就不再存在了——不组成对立之一方的那个名称在变化之后仍然存在(如"人",仍然存在),而"有教养的"或"没有教养的"则不再存在,由两者的合成者如"没有教养的人"也不再存在。

对于在变化中不继续存在的东西,我们用"由甲变成乙"的说法(不用"甲变成乙"的说法),例如"由没有教养的变成有教养的",而不说"由人变成有教养的"。话虽如此,有时对于继续存在的东

---

① 关于"基础"的概念,参见《形而上学》1028ᵇ33 以下。

② 见《形而上学》1036ᵃ28。

25 西也用"由它生成"的说法,例如我们说"由铜生成铜像",而不说
"铜变成铜像"。但如变化是从对立的一方,且又是不继续存在的
那一方面出发的,那么这两种说法都用。可以说"由甲变成乙",也
可以说"甲变成乙",既可以说"由没有教养的变成有教养的",也
可以说"没有教养的变成有教养的"。因此对于合成的事物这两
种表述方式都可以用,既可以说"由没有教养的人变成有教养的
30 人",也可以说"没有教养的人变成有教养的人"。

　　但是"产生"这个词有多种不同的含义。或者是说事物绝对
地"产生","成为存在";或者是说它原来不是这样,即说它"变成
这样或那样"。只有实体才用绝对产生这个含义。很明显,实体
以外的别种变化,无论是量、质、关系、时间还是地点方面的变
35 化,都必然有一个变化的基础即变化者。这些变化是某一主辞①
的变化,因为只有实体不是用来说明别的什么主辞的宾辞,倒是
190b 别的一切都是说明实体的宾辞。——经过考察也可以看得很清
楚:实体以及任何别的独立存在的事物,它们的产生是从某一基
础出发的,因为在每一种情况下都已经有一个事物存在,再由它
5 产生新的事物,如动物和植物都由种子产生。绝对产生的事物
的产生有下列方式:(1)形状的改变,如由铜产生铜像;(2)加添,
如事物正在生长着;(3)减去,如将石块削成赫尔墨斯神像;(4)
组合,如建造一所房屋;(5)性质改变——影响物质材料特性的
10 变更。所有这些绝对产生的事物显然都是从某一已有的事物起
始产生出来的。

----

①　"基础"和"主辞"在希腊文是一个词。

因此,根据以上所述,很显然,任何变化者①都是合成的。包括(1)新产生的东西和(2)发生变化的东西。后者有两种含义——或为基础,或为相反者。所谓相反者,我是指的,例如"没有教养的",所谓基础,我是指的例如"人"。同样,我也把还缺乏一定的形状、形式或排列的状态叫做相反者,把铜、石头或金子叫做基础。②因此显然,若自然物都有自己的构成原因或本原,并且每一个事物的产生都是指的因实体的产生,不是指因偶性的产生,那么每一个事物都是由基础加形式而产生的。例如有教养的人是"人"和"有教养的"以某种方式合成的。可以将合成体分析成各本原的定义。显然,产生的事物都应是由这些本原产生出来的。

(1)基础就数目而言是一个,就形式而言则是两个。(因为人、金子等——一般说,质料——是可以数的。因为它差不多可被视为一个"这个"(个体),产生的事物由它产生,不是因偶性地产生,而缺失和对立在这过程中则是偶然现象。)③(2)形式,如排列、教养或任何另外的这类可作宾辞者,也是一个。因此在一种意义上必须说本原是两个,在另一种意义上必须说本原是三个。一种意义上说对立的是本原,例如有教养的和没有教养的,热的和冷的,

---

① 变化者或指基础＋缺失(变化前),或指基础＋形式(变化后)。在全部产生里,包括"变成"和绝对产生,都必定有基础＋缺失。

② 前者指在"由没有教养的人变成有教养的人"事例中,后者指在"由铜造成铜像"的事例中。

③ 每一变化都是可以 XA→XA′(其中 X 是实体)表示。A′(或 XA′)由 X 产生,被说成是绝对的产生,而 A′由 A 产生,被说成是因偶然属性的产生,就是说由 X 所具有的 A 所产生的。绝对产生(因实体的产生)和因偶性的产生两者对立。若 A′是性质,A 就是对立的(或中间的)性质;若 A′也是实体(和 X 一样),A 就被叫做 A′的缺失($\sigma\tau\epsilon\rho\eta\sigma\iota\varsigma$)。——英译本注

或和谐的与不和谐的,等等;另一种意义说对立的不是本原,因为
35　对立不可能直接地互相作用。但若用另一个与对立双方不同的基
础,这个问题就可以解决了,因为它自身不是对立的。因此,一种
意义上说本原不超过对立,数起来是两个;但正确一点说,本原不
191ᵃ 是两个,由于定义有不同,应是三个。因为"人"和"没有教养"的定
义不同,"未成形的"和"铜"的定义也不同。①

　　现在,自然万物产生的本原有几个,以及如何是这几个的,这
些问题已经谈过了。很显然,必须有一个东西作对立的基础,对立
5　必须有两面。

　　别种说法是不必要的,对立的两方相继地出现与不出现就能
完成变化的任务。用类比的方法可以认识到自然的基础,因为基
础对实体,也就是说对"这个"或"是"的关系,就像铜对铜像,木料
10　对床,或者质料和取得形式以前的未定形式对已获得形式的事物
的关系一样。那么这个东西②算作一个本原了(当然它之为"一
个"以及它的"存在"和"这个"③之为"一个"以及"这个"的"存在"
是不同的),定义④也是一个本原,还有定义的对立面,即缺失,也
是一个本原。

15　　那么,本原怎能是两个,又怎么超出了两个,这个问题已如上
述。简言之,我们先说明只有对立的两个是本原,然后说明了还必
须另有一个事物作基础,于是本原有了三个。根据这些我们现在

---

① 见本节 190ᵃ17。
② 即基础。
③ 即具体事物。
④ 即形式。

清楚了:对立两面的区别是什么,各本原相互间有什么关系,以及
什么是基础。但是形式呢还是基础是事物的本质,这个问题还未 20
说明①。但是本原有三个,以及如何是三个的,以及不同的看法都
清楚了。

那么,本原有多少个,它们是什么的问题就讲这些。

# 第　八　节

下面我们将说明,一些早期的思想家存在的疑难问题也只有用这 191ª23
种方法来解决。一些最初探索存在的真谛和本性的哲学家,就像迷了 25
路的人那样走错了路。他们说事物都不是产生来的,也不能灭亡。因
为事物的产生只能或者是由存在或者是由不存在产生,但这二者都是
不可能的。因为存在不需要产生(因为它已经存在了),也不会有什么
东西会从不存在产生(因为产生必须有一个基础)。他们就这样夸大 30
了这个结论,否认了存在的多样性,只承认一个存在本身。

他们的理论就如上述。但是(用我们解决这个问题的第一个
方法)我们说"由存在或由不存在产生"、"不在做或在做什么,或对 35
它做了什么,或变成某个特定的东西"这些话是和下面这些话一样 191ᵇ
的:"医生在做什么或对他做了什么"、"作为医生他是什么,或变成
了什么"。因此,既然后面这些话是很含糊的,那么显然,"由存
在……"以及"在做什么,被做什么……"也是含糊的。医生造房子,
他就不是作为医生,而是作为建筑工人;他变成白脸的就不是作为 5

---

　　①　这问题在第二卷第一节中讨论。

医生,而是作为黑脸的。但是他行医或不行医,则是作为医生说的。既然只有在医生作为医生做什么,被做什么,或变成什么的条件下,我们说"医生"做什么,被做什么,或由医生变为什么,才是说
10 得最切合的。那么显然,"由不存在产生",这里不存在也是作为不存在说的。那些思想家规避这个问题就是因为没有区别这一点。也正是因为同一错误,他们又一次深深地陷入了迷途,以至于认为除了存在本身而外没有别的任何东西产生,也没有别的任何东西存在,从而取消了一切产生。

　　我们和他们一样,也主张没有任何事物能在绝对的意义下,由不存在产生。但我们还是主张在某种意义下,事物可以由不存在
15 产生,例如因偶性地产生,因为有的事物是由在结果中不继续存在的缺失——缺失本身就是不存在——产生的。(然而这会令人感到惊奇,事物可以这样地由不存在产生,是被认为不可能的。)此
20 外,我们同样也主张,也只有因偶性,才能由存在产生存在。否则这情况就会像(譬如)动物由动物产生,某种动物由某种动物产生(例如狗由马产生)一样了。譬如说狗就不仅可以由"某种动物"产生,而且还可以由"动物"产生了——这里已不是指"作为动物"而产生(因为它本来已经是动物了)。因此,如果有什么不是因偶性而变为动物的话,就不能是"由动物"产生。同样,如果有什么不是
25 因偶性地变为存在,它就不能"由存在"产生,当然也不能"由不存在"产生。因为我们已经说明过,那个"由不存在"里的所谓"不存在"是指的"作为不存在"的"不存在"。同时我们也并不否认这个原则,即,每一事物要么就是存在,要么就是不存在。

　　以上是解决这个疑难问题的第一个方法。第二个解决方法就

是指出,同一事物有潜能的和现实的区别。这一点在别的地方有更清楚的辨析。①

这些疑难问题——它迫使某些人否认存在的多样性,否认有产生——就这样地(如我们所说的)解决了。这些疑难也正是一些早期的思想家之所以迷失了解决生与灭以及一切变化问题的道路的原因。因为,要是他们看出了这个本质,他们的一切糊涂观念就早消失了。

# 第 九 节

的确,另外有些人②已经理解到了这个观点③,可是了解得不充分。首先,他们赞同:事物可以由不存在绝对地产生(因为他们把巴门尼德的说法④当做正确的说法接受了);其次,在他们看来,基础如果在数目上是一个,在潜能上就也是一个⑤。其实这有很大的区别。我们说质料和缺失是不同的。我们主张,这两者中质料只有因偶性才是不存在,而缺失本性就是不存在;质料和实体相近,并且在某种意义上自己也是实体⑥,而缺失则完全不是这样。

───────

① 见《形而上学》第七(Z)卷第7—9节和第八(Θ)卷,《论生灭》第一(A)卷第3节。

② 柏拉图派的学者们。

③ 指还缺乏形式的质料。

④ 巴门尼德的说法:一个事物若不是由存在产生的,就必定是由不存在产生的。——英译本注

⑤ 参看本书190ᵇ24。基础(有缺失属性的质料)有取得形式的潜能,所以亚里士多德说它在潜能上是两个。这和在形式上是两个的说法所指相同。

⑥ 参看190ᵇ26。"它差不多可被视为一个'这个'"。

但是他们把他们的大和小（无论是分开来还是联在一起）看作是不
存在。所以他们的三元：大、小和理念，和我们的三元：质料、缺失
10 和形式是非常不同的。因为虽则他们和我们有共同的理解，直至
都承认必须有一个基础事物。但是他们把它当作一个——即使有
人提出是两个，把它们叫做大和小，结果还是一样的①。因为他忽
略了另外一个因素——缺失。变化后继续存在的质料因，是一个
在生成事物中和形式结合着的因素，宛如一个母体②；而缺失，由
15 于人们太多地把注意力放到了它的否定性上，而常常被人觉得似
乎是完全不存在的。

　　须知，如果认为有些存在是神圣的，好的，合意的，那么我们主
张应还有两个因素：一个是好的对立面，另一个是它在本性上要求
好的形式的东西。照他们这一派的看法，结论大概是说好的对立
20 面要求自己灭亡。但我们认为形式不能要求形式自身，因为它不
缺少它。它的对立面③也不能要求它，因为对立是互不相容的。
正确的说法应是：要求形式的是质料，就像阴性要求阳性，丑的要
求美的。不过丑的和阴性的是因偶性而要求美的和阳性的，这一
25 点和质料因本性要求形式不同。

　　质料在一种意义上是能生能灭的，而在另一种意义上则否。
作为含有缺失者本性是可灭亡的，因为它包含有可灭亡的东
西——缺失。但作为可获得形式的潜能者，它的本性是不可灭的。
30 它必然是不生不灭的。因为如果它是产生得来的，那么必定有一

---

① 柏拉图的"大"和"小"相当于亚里士多德的质料。
② 柏拉图《蒂迈欧篇》50D，51A。
③ 缺失。

事物作为它的原始基础,并在其中继续存在下去。可是这正是它自己的本性,因此,它应该在产生之前就存在。(因为我说:质料乃是每一事物的原始基础,事物绝对地由它产生,并且继续存在下去的。)如果它会灭亡的话,它就会最后还原为自身,所以它应该在灭亡之前就已经灭亡了。

至于详细地确定形式本原,它是一还是多的问题,以及它的(它们的)本性问题,这些是第一哲学①的任务。因此把这些问题留到适当的时候②再谈吧。而关于自然物的形式(也就是非永恒的形式)的问题,我们将在下面各章里接着讨论。 35 192ᵇ

我们到此确定了如下的问题:有本原,本原是哪些个,以及有几个本原。下面我们将开始论述另外的问题。

---

① 亚里士多德自己把《形而上学》叫做第一哲学,把自然哲学叫做第二哲学。

② 指《形而上学》第七(Z)至第九(Θ)卷。在第十二(Λ)卷里,他特别论述了脱离质料的永恒不变的形式的存在问题。

# 第 二 章

## 第 一 节

　　凡存在的事物有的是由于自然而存在，有的则是由于别的原

因而存在。"由于自然"而存在的有动物及其各部分、植物，还有简

10 单的物体（土、火、气、水），因为这些事物以及诸如此类的事物，我

们说它们的存在是由于自然的。所有上述事物都明显地和那些不

是自然构成的事物有分别。一切自然事物都明显地在自身内有一

15 个运动和静止（有的是空间方面的，有的是量的增减方面的，有的

是性质变化方面的）的根源。反之，床、衣服或其他诸如此类的事

物，在它们各自的名称规定范围内，亦即在它们是技术制品范围内

20 说，都没有这样一个内在的变化的冲动力的。但是如果它们碰巧

是由石头或土或这两者的混合构成的，那么在它们构成时它们就

从原来这些材料中偶然地得到了这种内在的变化的冲动力①，因

此，"自然"是它原属的事物因本性（不是因偶性）而运动和静止的

根源或原因。我之所以说"不是因偶性"，因为（譬如说）一个是医

25 生的人可能是他自己恢复健康的原因。但他毕竟不是在自己有病

---

① 例如一张由土或石构成的床，就有静止或向地上倒毁的冲动力。

的时候才有医术的,医生和病人是同一个人这是偶然的。也正因为这个缘故,这两者经常是分离的。所有其他的人工产物情况也是这样。没有一个人工产物本身内含有制作它自己的根源。虽然人工产物(例如房屋和其他一切手工产物)的根源存在于该事物以外的别的事物内,但有一些人工产物自身内有这种根源,不过那不是因本性而如此的,只是由于偶性才成为该事物的原因的。①

"自然"的意思就如上述。凡在自身内有上述这种根源的事物就"具有自然"。所有这样的事物都是实体,因为它是一个主体,而自然总是依存于一个主体之中的。

其次,"按照自然"这一用语对于自然物,对于它们因本性而有的各种表现都是可用的。例如火向上运动,这不是"自然",也不是"具有自然",而是"由于自然"或"按照自然"。

什么是"自然",什么是"由于自然"而存在的事物,什么是"按照自然",都已经说过了。要想证明自然这东西的存在是幼稚可笑的。因为明摆着有许多这类的事物实际存在着,反而想用不明白的来证明已明白的,表明这种人不能辨别自明的东西和不自明的东西。(这种精神状态显然是可能的,一个生而盲目的人会去向人解释各种颜色。这种人在说出这些名词的时候,想必是没有任何相应的思想的。)

有些人认为自然,或者说自然物的实体,就是该事物自身的尚未形成结构的直接材料。例如,说木头就是床的"自然",铜就是塑像的"自然"那样。(例如安提丰说:如果种下一张床,即腐烂的木

---

① 例如一个病人因自己是医生而在自身内有了一个恢复健康的原因。

15　头能长出幼芽来的话，结果长出来的不是一张床而会是一棵
树。——他这话的用意是要说明，根据技术规则形成的结构仅属
于偶性，而真实的自然则是在这制作过程中始终存在的那个东
西。)但是如果这些事物的质料和别的一些事物也有同样的这种关
系的话，例如铜、金和水的关系①，骨头、木头和土的关系等等，那
20　么水、土等就又是铜、木头等的自然或本质了。所以有些人主张存
在物的"自然"是土，有人主张是火，有人主张是气，有人主张是水，
有人主张是其中的几个，有人主张是这四元素全部。他们无论把
哪一个或哪些个元素理解为这样的东西，他们都主张这个或这些
个元素就是实体的全部，而别的一切都只不过是它们的影响、状况
25　或者排列而已；他们还主张它们都是永恒的(因为它们不会有丧失
自己本性的变化)，而别的事物则无休止地产生着灭亡着。

30　　　以上是关于自然的一种解释，自然被解释为每一个自身内具
有运动变化根源的事物所具有的直接基础质料。另一种解释说：
"自然"是事物的定义所规定的它的形状或形式。因为"自然"这个
词用于按照自然运动变化的事物或自然的事物，就像"技术"用于
按照技术的事物或技术的产品一样。如果一事物仅仅潜在地是一
35　张床，还没有床的形式，我们就不会说这事物有什么是按照技术
193b　的，也不会说它是技术的产品，自然产物的道理也是如此。还只潜
在地是肉或骨的东西，在它取得定义中指出的形式以前——在界
说什么是肉或骨时就会说到它们的形式——就还没有它自己的自

---

①　参看《形而上学》第五(Δ)卷第四节 1015ᵃ8，亚里士多德认为铜、金都是可以熔
化的，所以都可以归为水，正像尸体、木头都可以归为土一样。

然,也不能说它们是"由于自然"而存在。因此根据对"自然"的这第二种解释应该说:自然乃是自身内具有运动根源的事物的(除了在定义中,不能同事物本身分离的)形状或形式。(由质料和形式合成的事物,如人,就不是"自然",而是"由于自然"而存在的事物。)质料和形式比较起来,还是把形式作为"自然"比较确当,因为任何事物都是在已经实际存在了时才被说成是该事物的,而不是在尚潜在着时就说它是该事物的。

再说,人由人产生,但床却不由床产生。正因为这个缘故,所以都认为床的自然不是它的图形而是木头。因为如果床能生枝长叶的话,长出来的不会是床而会是木头。因此,如果说技术物的图形是技术,那么对应地说,自然物(如人)的形状也是"自然",因为人由人产生。

第三种解释把自然说成是产生的同义词,因而它是导致自然的过程。这个意义上的自然不像医病。医病不是导致医术而是导致健康,因为医疗过程必然从医术出发而不导致医术;两种不同含义的"自然"相互间的关系不是这样:产生事物的产生过程是由一种事物长成另一种事物的。那么它长成什么事物呢? 不是长成那个长出它的事物而是长成那个它要长成的事物。那么形式就是"自然"。但形式和自然一样也是有不同含义的,因为缺失也是某种意义上的形式。至于在绝对意义的产生里是否有缺失,即形式的对立者,这个问题以后要讨论的。[①]

---

① 见本书后面第五章以及《论生灭》第一章第三节。

# 第 二 节

我们已经辨析了自然的各种不同的含义。接下来必须研究数学家和自然哲学家的任务有何分别。因为自然物体包含面、体、线、点，而这些也是数学家研究的对象。也必须弄清，天文学是自然哲学以外的一门学科呢，还是它的一个部门呢？因为，如果认为自然哲学家应该了解太阳和月亮是什么，却可以不去研究它们的本质属性，这是奇怪的，特别是当自然哲学家们事实上已经明显地在论述月亮和太阳的形状以及天和地是否球形的问题时。

数学家虽然也讨论面、体、线、点，然而不是把它们作为自然物体的限，也不是作为这些自然物体显示出来的特性来讨论的。数学家是把它们从物体分离出来讨论的。因为在观念上它们是可以同物体的运动分开来的。而且这样做，不会有什么影响，也不会造成结论上的错误。

理念论的哲学家无意中也这样做了，他们把自然的对象分离了开来。自然的对象不如数学的对象那样可以被分离开来研究的。如果我们给数学对象和自然的对象以及它们的特性下定义的话，这个问题就会清楚了。"奇数"、"偶数"、"直的"、"曲的"，还有"数"、"线"、"形"，这些数学研究的对象的定义中都不包括运动。而"肉"、"骨"、"人"则不是如此，因为给它们下定义要像给"塌鼻子"下定义一样，不能像给"曲的"下定义那样。这一点可由那些与其说是数学的不如说是自然的学科，如光学、声学和天文学得到进一步的说明。这些学科和几何学有一种正好相反的情形：几何学研究自然的线,但不是作为自然的,光学研究数学的线,但不是作为数学的,而是作为自然的。

既然自然有多义——形式和质料——那么,我们研究自然物就必须像研究什么是塌鼻子一样。那就是说,自然物的定义既不能脱离质料,也不能仅由质料组成。

确实,这里还可以再提两个问题。既然有两个自然,那么自然哲学家研究的是哪一个自然呢? 还是说,研究这两者的联合体呢? 假如既要研究两者的联合体,又要分别地研究这两者,那么分别地对这两者进行的研究属于同一学科呢还是属于不同的学科呢?

阅读古代学者的著作时使人感觉到,自然哲学家似乎只是同质料发生关系。如,恩培多克勒和德谟克利特关于事物的形式亦即本质谈得少得可怜。但是,若技术模仿自然,又,认识形式和认识质料是同一个课题,(直至像医生要知道健康状况,就也要知道健康状况所依存的胆液和黏液,建筑工人要知道房屋的图形,也要知道原材料:砖石和屋梁一样。)那么看来自然学的课题应包括认识形式和质料这两种意义上的自然。

再说,研究"为了什么"或者叫做"目的"和研究达到这个目的的手段应该是同一个学科的课题[①]。自然就是目的或"为了什么"。因为,若有某一事物发生连续的运动,并且有一个终结的话,那么这个终结就是目的或"为了什么"。(就是这个说法把一位喜剧诗人弄糊涂了,在他的作品里有一句荒诞的话:"他已经得到了

———————

① 因而自然学应研究形式和质料两者。

一个他为之而生到人世上来的目的了。"①须知并不是所有的终结
都是目的,只有最善的终结才是目的。)既然技术制作质料——有
35 的是单纯地制造,有的是把它制成合用的东西——又,我们使用所
有这些东西时好像它们是为我们而存在的,因为我们也是某种意
194ᵇ 义上的一个目的。因为,"为了什么"也有两种含义(在《论哲学》一
文中已经谈过了)②;相应地,技术也有两种:一为支配原材料的技
术,一为具有知识,换言之,一为使用者的技术,一为制造者的技
术。因此,使用者的技术在某种意义上也是生产者的技术。当然
也有分别:使用技术是认识形式,而生产技术则是认识质料。例如
5 舵手知道舵是什么样的,亦即知道它的形式,并且对舵的规格提出
要求。而造舵的木工知道该用什么木材,通过哪些制造活动,以达
到目的。因此在技术产物里是我们人以功能为目的而制作质料,
而在自然产物里质料原来就存在。

再者,质料是一种相对的概念,相应于一种形式而有一种质
料。③

10 那么自然哲学家在了解形式或本质时还应该了解什么呢?或
许正如医生还应该了解肌腱,铜匠还应该了解铜,直至了解到它们
各自为了的目的④,这就是说,自然哲学家应该研究和质料不分离

---

① 他死了。

② 参看《形而上学》1072ᵇ2:目的有"为了某人的善"(如病人,可比作享有者)和
"为了某产物的善"(如健康);另外可参看《论灵魂》415ᵇ2。作者这里叫参看他的失传
作品《论哲学》。

③ 因此不能离开相应的形式孤立地研究质料。

④ "那么自然哲学家在了解形式或……直至了解到它们各自为了的目的,"这里
原文,连同标点,从古代注释家起就一直是有争议的,这里中译文仅供参考。

存在的(虽然在定义里是可分离的)形式。例如人生于人,也生于
太阳。至于确定分离的纯形式的存在方式及其本质,这是第一哲 15
学的任务。

# 第 三 节

我们在作了以上这些辨析之后,应该进而研究,有多少个什么 194ᵇ16
样的原因。既然我们的目的是要得到认识,又,我们在明白了每一
事物的"为什么"(就是说把握了它们的基本原因)之前是不会认为 20
自己已经认识了一个事物的,所以很明显,在生与灭的问题以及每
一种自然变化的问题上去把握它们的基本原因,以便我们可以用
它们来解决我们的每一个问题。

那么,(1)事物所由产生的,并在事物内始终存在着的那东西,
是一种原因,例如塑像的铜,酒杯的银子,以及包括铜、银这些"种" 25
的"类"都是。(2)形式或原型,亦即表述出本质的定义,以及它们
的"类",也是一种原因。例如音程的 2∶1 的比例以及(一般地说)
数是音程的原因,定义中的各组成部分也是原因。再一个(3)就是 30
变化或静止的最初源泉。例如出主意的人是原因,父亲是孩子的
原因,一般地说就是那个使被动者运动的事物,引起变化者变化的
事物。再一个原因(4)是终结,是目的。例如健康是散步的原因。
他为什么散步?我们说"为了健康"。说了这句话我们就认为已经
指出了原因。由别的推动者所完成的一切中间措施也是达到目的 35
的手段。例如肉体的消瘦法、清泻法、药物或外科器械也是达到健
康的手段。所有这些虽然有的是行为,有的是工具,各不相同,但 195ᵃ

都是为了达到目的。

那么，使用"原因"这个词的意义差不多就是这些了。但是还要说明：既然原因有多种不同的含义，事物自身就有多种不同的原因（不是因偶性）。例如雕塑术和铜两者都是塑像的原因（这里是塑像作为塑像而不是因别的什么），但它们不是同一种原因：一是质料，另一是运动的根源。

还要说明：有些东西互为原因。例如锻炼好使得身体好，身体好也使得锻炼好。不过，它们不是同一种原因：一是目的，一是运动变化的根源。

还有，同一事物也可以为相反的结果的原因：一种结果是因为有这个事物，我们有时就把相反的结果归因于没有这个事物，例如把船只的失事归因于没有舵工，而有舵工乃是船只安全航行的原因。

所有现在谈到的这些原因，就分别属于这常见的四种。字母是音节的原因，材料是技术产物的原因，火等是自然物的原因，部分是整体的原因，前提是结论的原因，意思都是"所从出"。在所有这些对偶中，前一类为基础质料（如部分），后一类为本质——或为整体，或为组合，或为形式。而种子、医生、出主意者以及（一般地说）推动者，全都是变化、静止的根源。还有一些事物是别的事物的目的或善这个意义的原因，因为所谓"为了那个"，意味着是最好的东西，是别的事物达到的目的。说它是"自身善"或"显得善"都可以。

那么原因就是这样的几种；虽然各自内部还有很多差别，但它们可以被归纳为这几种。

"原因"这个词用作许多意义，甚至同一类原因内部也有居先

居后之别①，例如医生和专家是健康的原因，2∶1的比例和数是音 30
程的原因，并且总是包括几个个别原因的那个一般性的原因比各
个别的原因居后。

其次一种原因是偶然的原因及其"类"，例如我们说波琉克利
特②是塑像的原因，或者说雕塑家是塑像的原因。因为"是波琉克 35
利特"和"是雕塑家"在语句中是偶然的结合；还有，包括偶然原因
的"类"也是原因，例如说"人"或更一般地说"动物"是塑像的原因。
偶然的原因也有远近之别，例如假定可以说"白脸的"或"有教养 195b
的"是塑像的原因的话。

所有的原因（包括固有的和偶然的）都既可以是潜能的也可以
是现实的，例如被建造的房屋的原因，可以说成是"建筑工人"，也 5
可以说成是"正在建造着房屋的工人"。

那些以这些原因为原因的东西，也可以作类似的区别，例如说
某某是"这尊塑像"的或"塑像"的或（一般地说）"肖像"的原因，或
说他是"这块铜"的或"铜"的或（一般地说）"质料"的原因。就偶性
而言也是如此。再有，我们还可以用两者合成起来的表述法，例如 10
既不单说波琉克利特，也不单说雕塑家，而说雕塑家波琉克利特是
塑像的原因。

但是，所有以上这些不同的用法可以归纳成六个用法，每个用
法又可以一分为二。原因或者指的个别特殊事物，或者是指它的
"类"；或者指一个偶性，或者指偶性的"类"；并且这两组用法都或

---

① 居先的原因就是近因，居后的原因就是远因。
② 纪元前五世纪的一位希腊雕刻家。

15 者用合成的,或者用单独的。又,所有这六个用法又都或者是现实
的或者是潜能的。其差异在于:那些现实上起着作用的特殊的原
因,是和它们的效果同时存在同时消失的,例如这个正在治着病的
医生和这个正在被治着病的病人,以及那个正在建造着房屋的工
20 人和那个正在被建造着的房屋都同时存在同时消失;但是对于潜
能的原因,情形并不总是如此——房屋和建筑工人并不同时消失。

　　在寻找每一个事物的原因时,永远应该寻找最根本的原因(在
别的场合也如此)。例如人造房屋因为他是一个建筑工人,而建筑
25 工人造房屋是凭他的建筑技术。那么这个建筑技术是最居先的原
因。并且在一切场合都是如此。

　　还有,"类"的结果应被归于"类"的原因,个别特殊的效果归于
个别特殊的原因。例如塑像归因于雕塑家,这尊塑像归因于这位
雕塑家;并且潜能上的原因对应于可能的结果,现实地在起作用的
原因对应于现实地在受着作用的事物。

30　　到此我已经充分地分析了原因的数目以及各种因果关系的方
式了。

# 第　四　节

195ᵇ30　　但是偶然性和自发性也属于原因,许多事物的存在和产生被说
成是由于偶然的或自发的结果。因此必须研究,偶然性和自发性属
于前面列举的这些原因中的哪一种,它们是同一的还是有分别的,
35 用一句话说,什么是偶然性,什么是自发性。

196ᵃ　　须知,有人竟怀疑:是否有偶然性和自发性这东西存在。他们

说,没有什么事物是由于偶然而发生的,每一被说成是由于偶然或自发发生的事物都有它一定的原因。例如一个人到市场去,由于偶然在那里遇到了他正想要找的那个人(但他并未指望在那里遇到他),因为他本来是想到市场去买东西的。他们坚信,在其他所谓偶然的场合同样总是能够在偶然性之外找到原因的。因为,如果真有偶然性的话,的确有点使人不能理解:为什么从未有过一位古代的智者在谈到产生和灭亡的原因时用偶然性来解释过呢?可见他们也是认为,没有什么东西是由于偶然性的。

但是,下面这种情况也是不可思议的:许多事物由于偶然性和自发性而产生和存在着,又,虽然大家都知道,任何产生的事物都可以被说成有某种原因(正像古代否认偶然性的论证所提出的那样),但大家一样还是说,这些事物中有的是由于偶然性而存在的,有的不是由于偶然性而存在的。因此我们想象,早期的自然哲学家们必定是以某种别的提法代替了"偶然性"的提法。当然也不是说他们把他们所提出的爱、憎、努斯①、火或其他诸如此类的原因中的某一个作为偶然性。但的确奇怪:他们究竟是否认有偶然性这样的东西呢,还是承认有偶然性但没有那么说呢?特别是有时候他们已在实际上用到了它,使人不免产生这样的疑问。如恩培多克勒认为,气在分散时并不是总是趋向最高处的,它只是偶然如此——他在自己的《宇宙演化论》里说道②:"碰巧那一次它是这样

---

① 努斯 Voῦs,意思是心灵、思想、智慧。

② 恩氏残篇(蒂尔斯)53:"气在自己的运行中有时这样有时那样地(与别的元素)遭遇。"

冲过去的,它平素不是这样的。"——他还认为,动物身体的许多部分大都是由于偶然性而产生的①。

25   有些学者把自发性看成是天和一切世界的原因②,因为涡动以及把混沌区分为万物并安排成现有秩序的那种运动是自发的。

30 最值得惊讶的是:他们一方面主张,动物或植物都不是由于偶然性而产生和存在的,自然或努斯或某一别的什么是它们的原因。因为从已定的种子产生出来的事物不是偶然的事物,从一种种子产生橄榄树,从另一种种子产生人。另一方面他们却主张,天以及可

35 见物中最神圣的天体是自发产生的,它们是没有动植物所具有的那种原因的。但是果真如此的话,这是一个很值得研究的问题,而

196ᵇ 且很可能与此有关的某些问题已经讲过了。因为除了这种主张的别的一些荒谬而外更荒谬的是,他们看不见天上有什么东西自发地产生,却这样说,而他们说它们不是由于偶然发生的事物中,却

5 有很多是偶然发生的。当然,正确的说法应该是正好与此相反。

有些学者③虽然认为偶然性是一种原因,但他们说这是一种神圣的东西,神秘莫测,不是人的智力所能把握的。

因此我们必须研究,什么是偶然性和自发性,它们是一样的还是有分别的,以及,如何使之符合于我们对原因的分类。

---

①   恩氏残篇 57—61。大意是说:在爱向憎接近的期间,分开产生的肢体无意中凑合到了一处,形成了动物。——这些残篇的原文里都没有出现"偶然性"的字样。另参看本书 198ᵇ29。

②   指德谟克利特派。

③   指阿拿克萨哥拉、德谟克利特。

# 第 五 节

首先，既然我们看到有些事物总是这样发生的，有些事物通常 196ᵇ10
是这样发生的。显然，由于必然性而发生的或者说总是这样发生
的事物和通常这样发生的事物，其中没有哪一种其发生的原因被
说成是偶然性，也没有人说它们的发生是由于偶然性。但是，既然
除了这两种事物而外还有别类事物发生着，并且大家都说它们是
由于偶然性而发生的，可见是有偶然性和自发性的。因为我们已 15
经知道，这类的事物是由于偶然性，由于偶然性的事物属于这一
类。

其次，有些事是为了某事物的目的的，有些则否；有些事是按
照意图的，有些则否。但后两者都属于为了某事物的那一类。因
此可见，在那些并不是必然如此或通常如此的行动中，有一些也可 20
以说是为了某目的的。凡由于思考以及由于自然而发生的一切，
都是为了某事物的。因此，当这一类事物偶然发生时，我们就说它
们是"由于偶然性"了。因为正如事物既可以因本质也可以因偶然
属性而存在一样，原因也既可以因本质也可以因偶然属性地造成 25
结果。例如建筑师之为房屋的原因是由他的本质决定的，而他是
"白面的"或"有教养的"则是偶然的原因。因本质的原因是确定
的，因偶然属性的原因是不确定的，因为一个事物可能具有的属性
是为数无限的。

如我们说过的，当一个这类的事情在有目的的行动中发生时， 30
它就被说成是由于自发或由于偶然。（这两者之间的区别到下一

节再说,目前有一点是明确的,即两者都属于有目的的那些事物。)

例如:一个人是为了别的理由到市场上去的;如果他知道在某处可
以遇到欠债人,他本来也会到那里去的;这次他去了,但不是为了
要债这件事,却是偶然地在那里取回了他的债款。要债并不是通
常也不是必然要去那里的;而收回债款这个目的,在他说来也不是
他去的原因,但到那里去却还是他的意图或思考的结果。只有上
述这些条件都具备时,才能说这个人是由于偶然性去的。如果他
是为了讨回债款去的,或者,为了收取债款他总是或通常是到那里
去的,那么他去那里就不能说是由于偶然。因此可见,偶然性是有
意图有目的的行动中的由于偶然属性的原因。因此思考和偶然性
是属于同一范围的,因为意图不是没有思考的。

　　由于偶然性发生的事,其发生的原因必然是不确定的。正因
为这样,所以偶然性被认为属于不确定的事物之列,并且是人所无
法捉摸的。也正因为如此,所以有人认为没有什么是由于偶然而
发生的。要晓得这些说法都是正确的,都很有理由。因为一方面
确实有事情由于偶然而发生着,我说"由于偶然",因为它们是因偶
然而发生的,而偶然性是一个偶然的原因。另一方面,绝对地说,
偶然性不是任何事物的原因。例如建筑工人是房屋的原因,偶然
地,吹笛的人也可以成为房屋的原因。一个人去收取债款的原因
(假定他不是为了这件事而去的)是很多的,他可能是想去找什么
人,可能是为了跟踪什么人,也可能是逃跑来的,或是看戏来的。
还有,"偶然性就是反乎常轨"这种说法也是正确的,因为常轨属于
那些永远如此发生或通常如此发生的事物,而偶然性属于除此而
外的事情。因此,既然这种原因是不确定的,那么偶然性也是不确

定的。

　　但是在某些场合可能有人要问:是不是随便什么事物都可以成为偶然结果的原因呢? 例如健康的原因是新鲜空气和阳光,而不是理发。因为偶然原因也有远近之别。25

　　如果某一偶然事件的结果是好的,人们就说"好运气",如果结果是坏的,就说是"运气不好";如若事情的结果比较重大,就用"幸运"和"不幸"。因此,如果刚好避开了一件重大的坏事或错过了一件重大的好事,人们也说"幸运"和"不幸",因为我们把思考中的好与不好和实际出现的好与不好一样看待,好像没有分别似的。30

　　再者,很有理由说,幸运是变化无常的,因为偶然性是变化无常的,因为没有一个恒常的或者通常如此的事物能属于由于偶然的事物一类。

　　因此,偶然性和自发性两者属于既不是绝对地又不是通常地如此发生的事物,而是属于那些为了某种目的而发生的事物。35

# 第 六 节

　　区别在于:"自发"使用范围较广:凡由于偶然的事物全都可以说由于自发,由于自发的事物不全都可以说由于偶然。197ª36
197ᵇ

　　偶然性和由于偶然而发生的事情只属于一个能有幸运的(一般地说,是有道德价值的)动力。因此偶然性必然是和道德价值联系着的。这可以下述事实为证:幸运被认为和幸福是同一的或差

5 不多是同一的,而幸福被认为是某种道德价值的活动[①]。——因
此,凡不能有道德价值的事物就不能做任何由于偶然的事情。所
以,无生物,低等动物或小孩都不能做任何由于偶然的事情,因为
它们没有确定意图的能力;幸运和不幸也不能用于它们。除非是
10 作比喻,如普洛塔霍斯说过用来造祭坛的石头有好运气,因为它们
受到尊敬,而其同类却在人们脚下遭到践踏。但是即使这些事物,
也只有当处置它们的人偶然地对它们进行了某种处置之后,它们
才能受到偶然性的某种影响,否则是不行的。

相反,自发则可以出现于许多低等动物和许多无生物中。譬
15 如我们说一匹马自发地来了,因为,虽则它的到来救了自己的命,
但它来的目的不是为了脱险。再如三脚祭坛自发地放着,因为,虽
然人把它放在那儿总是供人坐的,但祭坛本身放在那里却并不是
为了这个目的[②]。

因此显然,所谓自发,一般地说来是适用于有目的的事情范围
20 内,因外在的原因而没有发生实际的结果的事情。如果这种自发
的结果是出于能有意图的人的意图,那它们就被说成是由于偶
然性。

"奥托马登"(αὐτόματον 即自发)这个词中的"马登"(μάτην 即
无目的)就说明了它的含义。它所使用的场合是"为了的事"(目

---

① "幸福"这个词亚里士多德在这里指两重含义:一是语源上的含义,即"好运"的
意思;另一含义是他自己的说法:幸福存在于能有思考能有道德价值的人类的,以美德
为条件的最高尚的精神活动中。

② 祭坛原是神庙里供祭祀用的。古希腊风俗,如果一个人有人追着要杀他,他逃
到庙里去坐在祭坛上,别人就不能杀他了。如果别人杀了他,就是渎神行为,将受到神
的惩罚。

的)不发生,只发生了达到目的的手段。例如到某处去是排泄的手
段。如果去了以后没有排泄,我们就说是无目的地去了,或者说去 25
是无目的的。这就是说,作为达到目的的自然手段的事没能实现
自己的目的。说是"自然手段",因为,如果有人说无目的地洗了个
澡是因为太阳没有发生日蚀,那是笑话。因为洗澡不是为了日蚀。
因此自发(奥托马登)这个词就其辞源而言,意思就是:"自身(αὐτò 30
奥托)无目的地(μάτην 马登)发生",例如石头掉下打了这个人,并
不是因为要打他而掉下来的,所以它是自发地掉下来的,但它也可
以是由于一种要打击的目的而掉下来的。①

在自然产生的事物里自发和偶然分别得最清楚,因为,如果一
个事物产生得违反自然,我们不说它是由于偶然而产生的,宁可说 35
它是自发产生的。还有一个分别,即,自发的原因是外在的,偶然
性的原因是内在的。

现在我们已经说明了,什么是偶然,什么是自发,以及它们之 198ª
间的区别何在。它们两者都属于原因中"变化的根源"这一类,因
为总有一个原因,或自然或思考,在起作用。但这种可能的原因的 5
数目是不确定的。

自发和偶然是那些已经被某事情因偶然属性而造成的(本来
也可以由思考或自然造成的)结果的原因。现在,既然没有什么因
偶然属性的东西先于因本质的东西,显然也就没有什么因偶然属
性的原因能先于因本质的原因。因此自发和偶然后于思考(努斯) 10
和自然。因此,如果说天的原因最是自发的话,那么努斯和自然必

---

① 这里指出一个外在的原因。

然不仅是别的许多事物，而且也是这个天本身的居先的原因了。

# 第 七 节

198ª14　　那么可见得，有原因这东西，原因就是我们所说的那四个。这
15 数目就等于对"为什么"的答案的四种理解。就是指：(1)于没有运
动变化的对象，就是指"形式"(如在数学里，结论的原因最终指的
是直线、可约数等等的定义)；或(2)指的是引起运动变化的根源，
(如：他们为什么去打仗了？答曰：别人进攻来了)；或(3)为了什么
20 目的(如，答曰：为了统治)；或(4)于产生的事物，则是指质料。

　　由此可见，原因就是这几种。既然原因有四种，那么自然哲学
家就必须对所有这四种原因都加以研究，并且，作为一个自然哲学
家，他应当用所有这些原因——质料、形式、动力、目的——来回答
25 "为什么"这个问题。但是后三者常常可以合而为一，因为形式和
目的是同一的，而运动变化的根源又和这两者是同种的(例如人生
人)，一般地说，凡自身运动而引起别的事物运动者皆如此；(凡不
是如此的事物就不是自然哲学的对象。因为它们引起别的事物运
动变化，但不是由于自身有运动，也不是由于自身内有运动的根
30 源，它们是自身不运动的。因此有三门学问：一门研究不能有运动
的事物，第二门研究能运动但不能灭亡的事物，第三门研究可灭亡
的事物。)因此解答"为什么"这问题时必须根究到质料，根究到形
式，根究到最初的推动力。研究产生过程中的原因，主要研究这三
35 者：在什么之后产生了什么，什么是主动者或什么是遭受者；并且，
在连续过程的每一个阶段上都这样做。

以自然方式引起运动的根源共有两类。其中一类本身不是
自然的,因为它在自身内没有运动变化的根源。凡在自身不运 198ᵇ
动变化的情况下推动别的事物的皆属此类。诸如那些完全不能
运动的原初的实在,事物的本质或形式,因为这是终结或目的。
因此,既然自然是目的,那么我们也应该研究它。我们也必须指
出"为什么"的所有的含义,这就是要指出:(1)这个结果必然是
那个原因引起的(或绝对地或通常是由它引起的);(2)如果这个 5
是这样,必然先有那个是那样,例如有结论必有前提;(3)这就是
某事物的本质;以及(4)因为这样比较善(不是绝对的善,而是对
每一事物的本质来说的善)。

# 第　八　节

那么我们首先必须说明,为什么自然属于目的这一类原因;其 198ᵇ10
次必须说明必然性在自然科学问题中的含义。须知思想家们一向
都是用必然的原因来解释事物的。例如他们说:既然热和冷等等
属于一定的事物,就必然有一定的事物存在和产生着。虽然他们
还曾提出过别的原因,如有的人提出爱和憎,有的人提出"努斯"为 15
原因,那也只不过是提了一提而已,以后就弃之不顾了。

可是问题来了:为什么一件自然的事情就不可以不是为了目
的,也不是因为这样比较好些,恰如天下雨不是为了使谷物生长,
而只是由于必然(因为蒸发的汽必然冷却,冷却了必然变成水而下
降,其结果谷物得到雨水而生长)呢?同样,一个人的庄稼在打谷 20

场上遭雨霉烂了,可是下雨并不是为此——为了使谷物霉烂,这①
是偶然的。自然物的各构成部分何尝不也是这样呢? 例如,人的
牙齿就必然地长得门齿锐利,适于撕咬,臼齿宽大,便于磨碎食物,
25　它们的产生并不是为了这个目的,而只是一种巧合的结果。其他
一切似乎有目的的构成部分也是这样。在事物的所有部分结合得
宛如是为了某个目的而发生的那样时,这些由于自发而形成得很
30　合适的事物就生存了下来;反之,凡不是这样长起来的那些事物就
灭亡了,并且还在继续灭亡着,如恩培多克勒所说的那种"人头牛"
就是这样地灭亡了。

　　这个以及其他诸如此类的论证,就是人们可能用以提出怀疑
的根据。但是这种论证是不能成立的。因为这些事物以及一切自
35　然物是永远如此或通常如此产生的,其中没有一个是由于偶然或
199ᵃ 自发而产生的。因为冬天常常下雨不算是偶然,也不算是碰巧。
如果暑天下雨就被认为是由于偶然或碰巧了;暑天炎热也不算是
偶然或碰巧,要是冬天炎热就算是偶然或碰巧的了②。那么既然
或是碰巧或是有目的,二者只能择一,又,既然这些事物是不可能
5　有出于巧合也不可能有出于自发的,那么就是有目的的了。而这
些事物又全都是自然的(那些与我们在这问题上见解相反的人,从
他们话里看出也应该是没有否认这一点)。因此在自然发生着和
存在着的事物里是有目的的。

　　其次,在凡是有一个终结的连续过程里,前面的一个个阶段都

---

① 指谷物因雨而霉烂。
② 希腊是地中海沿岸国家。地中海气候型的特点是:冬季寒冷多雨,夏季炎热干
燥。

是为了最后的终结。无论在技艺制造活动中和在自然产生中（如果没有什么阻碍的话）都是这样，一个个前面的阶段都是为了最后 10的终结。可是技艺制作是为了某个目的，自然产生也是为了某个目的。例如，假定一所房屋属于自然产生的事物之列，它的产生也会经过像现在由技术制造时所通过的那各个阶段；反过来，假定自然物不仅能由自然产生，而且也能由技术产生的话，它们的产生就也会经过和由自然产生时所经过的一样的过程。前面的所有各阶 15段都为了终结。一般地说，技术活动一是完成自然所不能实现的东西，另一是模仿自然。因此，既然技术产物有目的，自然产物显然也有目的。因为前面的阶段对终结的关系在自然产物里是和在 20技术产物里一样的。

这一点在人以外的其他动物的活动里表现得最明显。它们做着各种事，并不用技术，也没有经过研究，也不是出于什么考虑。因此有些人问道：蜘蛛、蚂蚁等等这些动物工作着，那是由于"努斯"呢还是由于别的什么呢？如果我们继续这样仔细地观察下去就可以清楚地看到，植物也是为了目的而长出东西来的，例如叶子 25长出来是为了掩护果实。因此，燕子做窝、蜘蛛结网既出于自然，也有目的，植物长叶子是为了果实，根往下生长（不是往上长）是为了吸取土中的养分，那么可见，在自然产生和自然存在的事物中也 30是有目的因的。

又，既然自然有两种含义，一为质料，一为形式；后者是终结；其余一切都是为了终结，那么，形式该就是这个目的因了。

然而，差误的现象在技术的过程中是有的，如文法家会写错文句，医生会用错药。因此，在自然过程中差误显然也是可能有的。199b35

如果说有些技术产物造得正确，达到了目的，在出现了差误的产物
里，就是想达到目的而没能达到，那么在自然产物里也是会有这种
情况的，畸形物就是没能达到目的。因而在根源①的结合中，如果
不是针对着某一目的或目的没能达到，"人头牛"之类的东西就会
因为某一种根源（相当于现在所说的"种子"）的差误而产生。还
有：动物不是一下子就产生的，必然先已产生种子；所谓"生命之原
初"①就是指的种子。

　　再说，在植物中也存在着目的因，但是合目的的准确程度差
些。那么，在植物中是否也有"橄榄头葡萄"（就像"人头牛"一样）
之类的东西呢？这是一个怪念头。但是如果动物中有过这类东
西，植物中也就理当有过，而且还应该在种子里就已经偶然地产生
了。

　　但是总的说来，持这种念头的人，是取消了自然物和自然。因
为凡自然物都是以一定的内在的根源为起点，通过不断的运动变
化过程，达到一定的终结的；由任何一种根源出发的运动变化，既
不会达到完全相同的终结，也不会达到完全偶然的终结②，而是始
终有一种竭力趋向相同终结的倾向（如果没有障碍的话）。目的和
达到目的的运动过程也可能因偶然而发生。例如，一个外邦人来
了，交付赎金之后被放走了，就好像他是为此而来的，但实际不是
为此而来的，这时我们就说他是因偶然而做了这个的。这个终结
是因偶然属性而达到的——因为偶然属于因偶然属性的原因，这

---

① "根源"、"生命之原初"，都是恩培多克勒使用的术语。
② 例如由人的精子生出的人不会有完全相像的，但也不会生出狗或马来。

是我前面已经讲过的——但是，如果这件事是一定要发生的或通常要发生的，那么它就不是偶然的，也不是"由于偶然"发生的。在 25 自然过程里，如果没有障碍的话，总是一定或通常会达到目的的。如果因为看不到能有意图的推动者，就不承认产生有目的，这是错误的。事实上技术也不能有意图，因为，如果造船技术存在在木头里的话，那么"由于自然"也就能同样地造出船来了；因此，既然技术内有目的，那么自然内就也有目的。医生给自己治病就是一个 30 最好的比方，因为自然就像这个。

那么显然，自然是一种原因，并且就是目的因。

# 第 九 节

至于必然性，我们要问：必然的东西是因"假设"而必然① 的  199ᵇ33 呢，或者也是"单纯"必然的呢？通常的看法，是把必然的东西置于产生过程之中，正如有人认为墙壁是这样地因必然而产生的：因为  200ᵃ 重的东西自然地向下，轻的东西自然地向上，所以石头在最下面做地基，砖头因为比石头轻在它上面，木材在最上面，因为它最轻。②  5

墙壁的产生虽然不能没有这些东西，但它并不是由于这些东西——这些只能作为它的质料因。——产生墙壁是为了要遮护和保藏某些别的东西。在其他一切凡含有目的的事情里也都一样，不能没有那种具有必然的本性的事物，但产生不是由于这些事物  10

---

① "如果（既然）……，那么必然……"是"假设"的必然在文字上的表现。
② 这里指出，大多数学者认为自然过程中只有这样的"单纯"的"必然"。

(除了作为质料)而是由于目的。例如,为什么锯子是现有这样的呢?答曰:为了有一个能锯东西的锯子。但是,若不是用铁做的,就不能产生符合这个目的的锯子。因此,若要有锯子,并能锯得了东西,它必然是铁的。这样,必然的东西是因"假设"的,而不是作为在它以前的那些事物决定的必然结果。因为必然的东西是在质料之中,而为了的东西却是在定义里。

数学中必然的东西和自然产生的事物中的必然的东西有某种相似之处。例如,既然直线的定义是现有的这样,三角形的诸角之和必然等于两直角。但是不能倒过来,如果三角形诸角之和不等于两直角,那么直线的定义也就不会是现有这样的。但是,在有目的地产生的事物中,论证次序是可以倒过来的。因为,如果目的要达到或已经达到,那么它之前的阶段将先存在或已先存在。否则,恰如在数学里那样,结论得不到,起点(即前提)就不会存在,这里目的或为了的某种东西也不会存在。因为目的也是一个起点——当然不是指产生活动的起点,而是指的逻辑推论过程的起点(在数学里只有逻辑过程的起点或前提,因为在数学里不存在产生活动)。因此,如果要有一所房子,这样那样的事物或(概括地说)为了目的的质料(例如砖、石等——如果是房屋的话)必先产生、先预备好或先已存在了;但是,目的不是也不会是由于这些事物(除非作为质料);然而,如果完全没有这些东西——房屋缺少石头,锯子缺少铁——那么房屋、锯子也不会产生,恰如在数学里那样,如果"三角形诸角之和等于两直角"不能成立,它的前提也必不存在。

那么显然,自然物里的必然的东西,就是我们称之为质料的那东西和它的运动变化。虽然质料和目的这两个原因自然哲学家都必须加以论述,但比较主要的是论述目的因,因为目的是质料的原因,并非质料是目的的原因。目的是为了某种东西,而起点来自定义。恰如在技术产物里那样,既然房屋是由现有的定义规定了的,那么它的材料必然地应该先已产生或先已存在了;既然健康是由现有的定义规定了的,那么这样那样的身体素质必然地应该先已产生或先已存在了。同样,人也是如此。一定的事物必然先有一定的质料。这种必然的东西或许也存在于定义里。因为在给"锯"这种动作下定义,说它是这样的一种分割方式时,若没有这样性能的齿,这种分割方式就不可能,锯齿若不是铁的,也不能有这种性能的齿。因为在定义里也包括几个成分术语作为定义的物质材料。

35

200ᵇ

5

# 第 三 章

## 第 一 节

<sup>200ᵇ12</sup> 既然自然是运动和变化①的根源，而我们这门学科所研究的又正是关于自然问题，因此必须了解什么是运动。因为，如果不了
<sup>15</sup> 解运动，也就必然无法了解自然。在确定了运动的意义之后，必须试着以同样的方法去研究接踵而至的有关的一些概念。运动被认为是一种连续性的东西。而首先出现在连续性中的概念是"无
<sup>20</sup> 限"。（这就是为什么"无限"这个术语常常出现在连续性的事物的定义中的缘故，例如说："可以无限分割的就是连续性。"）此外，如果没有空间、虚空和时间，运动也不能存在。那么，因为这些理由，也因为这些②是一切自然对象所共有并与一切自然对象共存的，显然，一开头必须先逐个地研究这些共同的东西。因为通常的次
<sup>25</sup> 序总是先研究共同的东西，然后再研究特殊的东西。

---

① 亚里士多德将运动分为广义的和狭义的两种。广义的运动（κίνησις）又叫做"变化"（μεταβολή），它包括：实体（本质）的变化——产生和灭亡、性质的变化、数量的变化——增加和减少，以及位置的变化。狭义的运动仅包括：性质的变化、数量的变化和位置的变化。

② 运动、无限、空间、虚空和时间。

那么，如上面所说的那样，我们就先来研究运动。

事物有：(1)仅是现实的；〔(2)潜能的；〕①(3)既是潜能的也是现实的——本质(实体)、数量、性质，以及存在的别的范畴都是如此。所谓"关系"有：过量和不足的相关、行动者和遭受者的相关——一般地说就是能推动者和能运动者②的相关。因为能推动者是能运动者的推动者，能运动者是在能推动者推动之下才能运动的。

其次，离开了事物③就没有运动。因为变化中的事物总是或为实体方面的或为数量方面的或为性质方面的或为空间方面的变化，要找到一个能概括这些事物的共性而又既非实体又非数量又非性质或其他任何一个范畴(照我们的看法)是不可能的。因此离开上述事物不会有任何运动和变化，因为上述事物之外再无任何存在。

又，这些范畴中的每一个在属于任何主体时都可以有两种方式：如实体，一为形式，一为形式的缺失；性质如一为白，一为黑；数量如一为完全，一为不完全；同样还有位移里的，如一为向上，一为向下，或者说一为轻，一为重。因此，存在有多少个种，也就有多少种的运动和变化。

———————————————

① "仅是现实的"东西指纯形式；据《形而上学》1065ᵇ5，这里还有一类，即"仅是潜能的"东西，如无限者；第三类才是："既是潜能的也是现实的"东西，即形式加质料，这是自然对象。

② 或："能推动者和能被动者"。

③ 亚里士多德自然哲学体系中的 τὰ πράγματα (事物)这个概念是一个运动中的概念，所以关于"事物"，如"变白的事物"，我们理解的时候不能忽略了"白的"这个具体内容，第五章 226ᵇ31，227ᵇ24—30 即译为"内容"。τὰ πράγματα 也就是 236ᵇ1 以下所说的"真正的变化者"(ὃ, ἐν ᾧ, καθ'ὅ)。

10　　由于已经将每一个类里的事物都区分为现实的和潜能的了，所以我们现在可以说：潜能的事物（作为潜能者）的实现即是运动。例如，能质变的事物（作为能质变者）的实现就是性质变化；能够增多的事物及其反面——能够减少的事物（这两者没有共通的名称）

15 的实现就是增和减；能产生的事物和能灭亡的事物的实现就是生与灭；能移动的事物之实现就是位移。这就是运动，举例解释如下。当能用于建筑的材料在我们说它是"作为能用于建筑的东西"的阶段内，即处在实现活动过程中时，它就是正在被用以建筑；这个运动就是建筑。它如学习、治病、滚转、跳跃、成熟、衰老也俱各如此。

20　　既然有时同一事物可以既是潜能的也是现实的——一定不是同时，或者不是在某类的同一方面，而是诸如一方面潜能上是热的，另一方面现实上是冷的。那么，许多事物这时就会彼此既推动也被推动。因为它们每一个都会既是能行动者，同时也是能遭受者。因此，自然的推动者也是能运动者，因为凡自然的推动者，在

25 推动的同时自身也在被推动着。确有一些人他们认为一切的推动者自身都被推动，这个想法是错误的。但是这个问题尚有赖于别的论证才得明白，正确的说法将在以后作出①，现在只要知道是有一种推动者自身不能运动的就够了。运动是潜能事物的实现，只是当它不是作为其自身，而是作为一个能运动者活动着而且实现的时候。

30　　我所说的"作为"，其含义如下。青铜是潜能的塑像，但运动不

----

①　见第八章第一——六节。

是作为铜的铜的实现上。因为"是铜"和"是一个潜在的能动者"不同一;要是这二者无条件地同一,也就是说,它们的定义同一,那么作为铜的铜的实现就是运动。但是如已说过的,它们不是同一的。 35
这个道理若以对立为例就可以看得很明白了。"是能健康的"和"是能生病的"不同一。因为,如果这两者同一,那么"是生病的"和 201ᵇ
"是健康的"就没有分别了。但是"是健康的"和"是生病的"这二者的主体(无论体液还是血液)是同一者。既然"是铜"和"是潜在的能动者"不同一(正如"颜色"和"可以看得见的"不同一那样),可见 5
得,运动是潜能事物作为能运动者的实现。

因此可见,运动就是这个;运动进行的时间正是潜能事物作为潜能者实现的时间;不先也不后。因为每一事物都可能一个时候在实现着,另一个时候则不在实现着。以可建筑物为例,建筑活动 10
是可建筑事物作为可建筑事物的实现,(因为可建筑事物的实现若非建筑活动就是已成为房屋,但是,当房屋已存在时,可建筑的事物就不再是可建筑的事物了,所谓可建筑的事物是指正被用于建造过程中的。因此这个实现必然是建筑活动。)而建筑活动是一种运动。这同一原理于其他种运动也是适用的。 15

# 第 二 节

根据考察另外一些学者①对运动发表的议论可以看出,我们 201ᵇ
这个定义是好的,不容易另外给它下别的定义。因为不可能把运

---

①　毕达哥拉斯派和柏拉图派。

20 动和变化归在别的类里。这一点在看到有些人给运动下定义,把
它说成是"不相同"、"不相等"或"不存在"时就明白了。因为不论
"是不相同的"、"是不相等的"或"是不存在的",都不是必然运动
的;变化也不是趋向这些或从这些出发的,正如不是趋向这些的对
立面或由它们的对立面出发的一样。这些学者之所以把运动归入
25 这些类里是因为他们觉得运动是一种"不定",而第二行①里的本
原都是不定的(因为都是缺失),其中没有一个是"这个"或"如此"
或其他范畴。

　　运动所以被认为是"不定",其原因在于,它不能单单被归入事
30 物之潜能或单单被归入事物之实现,因为(例如)可能的量或现实
的量都不必然运动。运动被认为是一种实现,但尚未完成。其原
因在于,"在实现着的潜能"本意就是"尚未完成"。所以理解运动
35 是什么就发生了困难,因为若不归入缺失或潜能就必然要归入完
202ᵃ 全实现,但全都显得不行。所以剩下来只有一个方法了,即把它说
成是一种实现,不过这是指我们所说的那种"尚未完成的"实现。
这种说法虽则难理解,但却是能成立的。

　　前已说过的那种推动者②,亦即,凡有运动潜能的,它的不动
5 叫做"静止"的事物(因为,所谓"静止"就是运动所属的主体的不
动),它在推动时自身也被推动,因为推动就是对能运动的事物(作
为能运动者)施加行动,但施加行动靠了接触,因此推动者在推动
的同时自身也在受到推动。所以运动是能运动事物作为能运动

---

① 毕达哥拉斯十对立表中以"无限"开始的那一行。见第一章第五节注。
② 即自然的推动者。

者①的实现;但运动的发生是靠了同能推动者的接触,因此,推动
者同时也被推动。

推动者总是形式(即"这个"或"如此"或"如许"),在它起作用 10
时,它是运动的本源或起因,例如现实的人使可能成为人的东西
(潜能的人)变成人。

# 第 三 节

答案是很明显的:运动是在能运动的事物内进行的。因为实 202ᵃ14
现是能运动的事物的实现,它又是在能推动的事物的推动之下实 15
现的。但能推动的事物的实现活动,并不是在能运动的事物的实
现活动之外的。因为,这应该是双方共有的实现活动;能运动者之
所以"是能运动的"是因它有这个潜能,而推动者之所以"是推动
的"是因为它正在实行着。推动者的实现活动体现在能运动者的
实现活动中。因此两者的实现活动是合一的,正如由一到二和由
二到一,以及上坡和下坡是同一个间隔一样。这是同一者,仅仅说 20
法不同而已。于推动者和被动者就是如此。

但是这种说法有论证上的困难,因为能行动者的实现活动和
能遭受者的实现活动似乎必然是不同的。一为行动一为遭受。前
者的效果和终结是行为,后者的效果和终结是影响。既然二者都
是运动,那么(a)如果说它们是两个不同的,分别何在呢?须知,若 25
不是(1)两者都在受动者(或者说被动者)内,就是(2)主动在主动

---

① 即"能被动者"。

者内,被动在被动者内(如果需要把后者也叫做主动,那它就是一个同名异义词)。但是,假定是第(2)种说法,那么运动就可以在主

30 动者内了。因为推动者和被动者是同一个词。因此一切推动者都可以被推动。否则就是,推动者虽有运动但它本身不能被推动①。假定是第(1)种说法,即主动和被动两者都在被动者内(或者说遭受者内),例如教和学是两回事,但两者都在学生身上。那么首先,

35 这两种实现活动就不会是在各自本身之内。其次,一事物在同一个时间内有两种运动,这是很荒诞的。因为,哪曾见过一事物有两

202b 种变化而又是变成一种形式的呢?这是不可能的。实现活动应该是一个。但(b)两个不同种的事物有同一实现活动的说法也是不合理的。要是教和学能同一,主动和被动能同一,那么不同种的事物是可以有同一种实现活动。不过这样一来,讲授就将同于学习,

5 作用同于受作用。照此,这位教师就会必然正在学习他所正在讲授的,动因正在受作用。

　　一个事物的实现活动应该在另一事物中进行,这是不错的;(例如教是一个能教的人的实现活动,但活动是在某一被教的人身上进行的,并且在这过程中两者是不可分的,是甲在乙里的。)倘若

10 不是作为等同,而是作为潜能的事物和现实的事物相关地存在着,那么并不妨碍两种事物有同一种实现活动。即使行动和遭受同一,倘若它们不是在(规定它们本质的)定义上同一(如衣服和衣裳),而仅是像从忒拜到雅典的道路和从雅典到忒拜的道路那样的同 一 的话(如前已说明过的),那么一个人就不必然是在学习他自

---

① 　见第八章第五节。

己正在讲授的东西了。因为某些方面同一并不是在一切方面都同 15
一，而仅是当它们实际发生时它们的实现活动是同一的。但是的
确，即使教和学两件事同一，也不能因而就说学习活动就同于讲授
活动。仿佛如果分开的两点之间有一距离，不能因而说，由此及彼
和由彼及此是同一的。总括起来说，教和学或行动和遭受不是完 20
全同一，而是它们所赖以存在的那个东西——运动是同一个。须
知甲在乙中向实现目标的活动，与乙靠甲的作用向实现目标活动
在定义上是不相同的。

现在我们说明过了运动的定义，包括一般的运动的定义和特
殊的运动的定义。（如何给每一种的运动下定义，这是不难明白
的。例如：性质变化是能质变的事物作为能质变者的实现。）但运 25
动的定义还有更明白易懂的表述法：运动是能主动的事物和能被
动的事物，作为能主动者和能被动者的实现。先给一般的运动，回
头再各别地给各种的运动，如给"建筑"或"治疗"下这样的定义。
并且给所有的运动都下这样的定义。

# 第 四 节

既然研究自然是要研究空间的量、运动和时间的，其中每一 202ᵇ30
个必然不是无限的就是有限的，（当然这并不是说一切事物都得
非无限即有限，如"影响"①和"点"，它们或许没有哪一个必然不
是无限的就是有限的。）因此，讨论有关无限的问题，研究是否有

---

① 事物的性质对人的感官的影响。

35　无限,如果有的话,它又是什么——这些都是研究自然的人必须

做的工作。

203ᵃ　　　事实证明,有关这个问题的研究是和我们这门学科有密切

关系的。事实上,所有有名的哲学家,凡是接触过这门自然哲学

的,都讨论过有关无限的问题,并且大家都把它看作为事物的最

初根源。

5　　　有些人,如毕达哥拉斯派和柏拉图,把无限看作为自在的实

体,而非其他事物的属性。不过毕达哥拉斯派把无限置于感性

事物之列(他们是不把数和感性事物分离开来的),并主张伸到

天外的就是无限。而柏拉图则主张天外无物,理念也不在天外,

10　因为不能说它是在什么地方的,但是不但在感性事物中而且在

理念中都有无限。其次,毕达哥拉斯派把无限者和偶数等同看

待,因为偶数在被奇数围限的情况下,还是赋予事物以无限性。

数〔在几何图形中〕的现象是一个很好的说明,因为角尺围着

15　"一"和围着"除去一"的数,结果,一个的形状总是在变换着,另

一个却总是一种形状①。可是柏拉图则主张有两个无限:大

和小。

　　　另一些人,即自然哲学家,他们都是把无限看作为被他们称之

为元素的某一自然物(如水或气或它们的中间物体)的属性。持元

20　素数目有限论的那些人都不认为总数是无限的;而持元素无限论

---

　　① 角尺 ∟ 围着"一"产生的形状 ⌐ 和 ▦ 等等都是同一形状。围着"除去一"

的数,即第一个偶数"二",所成的形状 ▦ 系 2∶3,而 ▦ 系 3∶4,形状不同,余此类推,

乃至无穷。

的那些人，如阿拿克萨哥拉和德谟克利特，(前者认为，无限的事物是由同种的部分组成的，后者认为是由一切形状的原子混合成的。)他们说，无限的事物是靠接触而得以具有连续性的①。

此外，阿拿克萨哥拉由于看到任何事物都是由任何其他事物产生，所以他主张任何部分的事物都是一个像万有总体②那样的混合体。好像也是根据这个理由，所以他认为万物曾经是在一起的。如这片肉和这块骨曾经是在一起的，任何事物也是曾经在一起的；因此所有事物曾经是在一起的；并且曾经是同时在一起的。因为不仅在每一个事物，而且所有事物都有分离的开始。既然产生的事物都是由相似体中产生出来的，并且所有事物都有产生(虽然不是同时)，因此必然有一个产生的根源。这个根源是一个，就是阿拿克萨哥拉称之为"努斯"的那个东西；并且"努斯"也是从某一时刻开始思考。因此所有事物必然曾经都是在一起的，后来在某个时刻开始被推动了。而德谟克利特却说他的最后的原子并不是从任何别的东西产生出来的，共同体原子是所有事物(因原子的大小和形状不同而各不相同)的根源。

据上所述可以明白，对无限进行的研究是和自然哲学家有关系的。他们大家都把它当作一个根源是很有道理的。因为无限不

①　柏拉图和毕达哥拉斯派抽象地谈论无限。自然学派的无限有具体的事物。(1)伊奥尼亚的一元论者，如泰勒斯说这个具体事物是水，阿拿克西曼德说它是一种不定的物质，阿拿克西米尼说它是空气，赫拉克利特说它是火。(2)多元论者，如恩培多克勒主张水、土、火、气四种元素是万物的根源，元素的数是有限的，各元素的量也是有限的。(3)阿拿克萨哥拉和德谟克利特主张有无限数的基本粒子。他们所谓的"无限"是指这些基本粒子在互相接触时形成的无限的集合体。

②　作者常常把全宇宙作为一个"总体"，而把一个一个的事物作为"部分"。

5　能是没有作用的,而且除了作为根源而外它也不可能起别的作用。
因为任何事物如果不是根源就是由根源产生的。但是无限不能有
自己的根源,否则这个根源会成为无限的一个限度。其次,作为根
源它就是不生不灭的。因为凡产生的事物都必然达到一个完成,
10　所有灭亡过程也都有一个终限。如我们所说的,就是因为这个缘
故,所以无限没有自己的根源,而是无限自身被作为其他事物的根
源,并且包容一切,支配一切,如那些除了无限而外不承认有其他
原因(如"努斯"、友爱)①的人们所主张的那样。并且无限是神圣
15　的东西,因为神圣的东西是不会灭亡的,如阿拿克西曼德和大多数
自然哲学家所说的。

相信有无限存在的主要根据有五点:(1)时间是无限的;(2)量
的无限可分性(因为数学家也使用"无限");(3)产生和灭亡是无穷
20　无尽的,产生的事物是由无限产生的;(4)有限的事物总是以别的
事物为限的,因此必然没有真正的限,如果有限总是以另一个和它
自己不同的事物为限的话;(5)最重要的一点,也是所有思想家都
感到困难的一点是:因为我们的思想不能想象任何限制,所以数和
25　数学量以及超出天外的事物都被认为是无限的。而且,既然超过
天外是无限的,那么看来物体也是无限的,世界也是无限的,因为,
为什么在虚空的一处有物体在别处就不能有呢? 因此只要一处有
无限,所有各处就都有无限。如果虚空、处所是无限的,物体也必
30　然是无限的,因为在永无穷尽的事物里没有可能存在和实际存在
的区别。

---

①　阿拿克萨哥拉的"努斯"(心灵、思想、智慧)和恩培多克勒的"友爱"。

关于无限的理论是有困难的。否认有无限吧,有许多地方显得说不通。承认有无限吧,还得回答下列问题:它是作为实体呢还是作为某一事物固有的属性呢?抑或两者皆否呢(虽然依然有事物是无限或为数无限的)?但特别属于自然哲学家的任务则是探究,是否有一个可以感觉的量是无限的。 204ᵃ

那么首先必须辨析"无限"的各种不同的含义。无限者一种是指不可能有"穿越"的事物,这种事物是在本性上谈不上什么穿越不穿越的,就和说声音"是不可见的"一样。另一种是指,虽可以谈 5 得上穿越,但穿越不到尽头的(或者是,很难穿越到尽头的,或者是,虽然本性上可以穿越到尽头,但在现实上穿越不到尽头,或者说没有一个现实上的终限的)事物。

其次,一切无限的事物都或是可以无限增大,或是可以无限分小,或是两个方面的。

# 第 五 节

无限是一种脱离感性事物的自在的无限——这种说法是不 204ᵃ8
可能的。

因为(1)若无限既不是量也不是数,它是自在的实体而非属 10
性①,那么它就是不可分的。因为可分者必然或是量或是数。而
如果是不可分的,就不是无限的了,除非"无限的"是像声音是"看

---

① 这是柏拉图和毕达哥拉斯派的观点(见 203ᵃ5),他们把自在的无限作为事物的一个元素。

不见的"那个意思。但这不是那些主张有无限的人们所说的意思，
15 也不是我们正在探讨的那个意思，即"不可穿越的"。但是，若无限
为属性，它作为"无限的"，就不能是实体的一个构成元素了，就像
"看不见的"不能是语言的一个构成元素那样，虽则声音是看不
见的。

（2）其次，既然数和量不能是实体，——无限在本质上是它们
的一种表现——无限本身又如何能是实体呢？因为无限比起数和
20 量来必然更其不可能是实体。

（3）也很显然，无限不能作为一个实现了的事物、一个实体或
根源。如果无限可分成各部分的话，从其中取出的任何一部分也
应是无限的（因为，如果无限是实体，不是属性的话，那么"是无限
25 的"和"无限"就是一回事了）。因此无限或者是不可分的，或者可
分成多个无限。但是同一事物不可能是多个无限。恰如空气的部
分是空气一样，如果无限是实体或根源的话，无限的部分也应该是
无限。于是无限是没有部分的，是不可分的。但这和"无限是一个
实现了的事物"的说法又有矛盾，因为后者必然是一个一定的量。
30 因此，无限是作为属性属于实体的。但是，这样一来，如我们所说
过的，无限就不能被说成是一个根源了，而无限所从属的实体是空
气或偶数①。因此，毕达哥拉斯派的追随者们的解释显然是错误
的。他们把无限当作了实体，还把它加以分划。

35    但是，虽然这一研究同样还可以在更一般性的级别上进行：无
204b 限是否也能出现在数学对象以及那些没有量的理性事物里呢？但

---

① 空气为量（体积）的无限者，偶数为数的无限者（奇数有限）。

是我们的研究对象是感性事物,我们这里正在讨论的问题是:在感性事物中是否有物体在增加的方向上是无限的。

我们先在理论上论证。下面我们可以看到,没有感性事物在增加的方向上是无限的。如果物体的定义是"以面为界",就不可能有一物体是无限的,不管在理性事物还是在感性事物上。数,甚至脱离感性事物的数,也不能是无限的。因为数或有数的事物都是可以计数的;那么,如果可计数的事物能被计数,无限也就可以被穿越过去了。

然后我再在具体事物上作进一步的论证,下面可以看到:无论是(1)复合的物体还是(2)单一的物体都不能是无限的。

(1)如果构成元素的数目是有限的,合成的事物就不能是无限的。因为这些元素必须多于一个[①],而对立又必须经常保持相互均衡,所以必然其中没有一个是无限的。因为,如果对立两者其中一者的能力在某种程度上低于另一者,例如,若火的量是有限的而气的量是无限的;又,已定量的火在能力上超过同量的空气,并且这种超过有一个一定的比值;那么,无限的物体显然会压倒并消灭掉有限的物体。但是,"每一个元素都是无限的"这样说也不行,因为物体是各个方向上都有延伸的,无限是无止境的延伸,因此,无限的物体只要一个就足够在各个方向上都延伸到无限远了。

(2)一个单一的物体也不能是无限的,无论它是(如某些人[②]所主张的)(a)一种诸元素所由产生的超元素或者还是(b)单体。

---

① 否则物体就不是复合的了。

② 如阿拿克西曼德。见187ᵃ20。

(a)我们必须要考察前者;因为有些人把超元素(不是把气和水)当作无限,为的是免得别的元素被具有无限性的元素所消灭。因为它们彼此是对立的——如气是冷的,水是湿的,火是热的——如果其中有一个是无限,其余的该被消灭掉了。但现在他们说,无限不是这些元素,而是它们所从产生的那个东西。但是,要是说有这种东西存在着那是不行的。倒不是因为它的无限性(因为关于这一点自有一个对一切事物,包括气、水等,都适用的论证来说明),而仅仅是因为除了所谓的元素而外,并没有这样的感性物体。一切事物都可以被分解为自己所由组成的元素。因此,如果有这个超元素的话,它该在这个世界上①,在气、火、土、水以外存在着了,但从未见到过这样的东西。(b)火或别的元素也没有一个能是无限的。因为,一般地说来(撇开它们之中哪一个是无限的这个问题不谈),万物(即使是有限的)不能"是"或"变成是"这些元素中的一个,像赫拉克利特所说的那样:在某一个时候万物都变成火。于"一"(如自然哲学家所假设出来的超元素)这同一论证法也适用。因为任何事物变化时都是由对立的一面到另一面的,例如由热变冷。但是,关于"是否有某一元素能够是无限的"这个问题,我们还应该对所有的元素都作如下的研究。

总的说来,不可能有感性物体是无限的。说明如下:

所有感性物体本性都有一个处所,并且各物皆有自己特定

---

① 阿拿克西曼德主张,无限以混沌状态存在于我们的世界以外,并包裹着我们的世界。他还明确地说过:"现存万物所由产生的那个东西,万物灭亡时复归于它。"(见蒂尔斯辑《苏格拉底前哲学家残篇》二之九)

的空间。并且各物的部分和整体的空间是相同的,例如整个的
地球和一块土有相同的空间,或如火和一火星也有相同的空间①。
因此,假设(a)无限的感性事物是同种的,那么它就会或是不动的
或是永动的。但不可能。因为,为什么往下的情况比往上或往别
的方向的情况多呢?我的意思是,假设以一块土为例的话,那么它    15
会往哪里运动或在哪里静止着呢?因为据假设,与它同种的大地
的空间是无限的。那么大地是否会占有全部空间呢?又如何占有
呢?那么大地的静止和运动究竟是怎么一回事?或者说,它的
运动或静止是在什么地方呢?要么在所有地方都静止(因此就不
会有动),要么在所有地方都运动(因此就不会有静止)。但假设    20
(b)宇宙万物不同种,那么各物的空间也不会相同;并且首先,宇
宙万物除了通过接触而外就不成统一体;其次,物体的种就会或是
为数有限的或是为数无限的。(i)它们的种不能是有限的。因为,
假如宇宙总体在量上是无限的,就会是:有些物体在量上是无限
的,有些物体在量上是有限的,例如说火是有限的水是无限的。但    25
是如我们在前面说到过的,"是无限的"的元素应已消灭了其对立
者了。(自然哲学家都不把火或土而把水或气或它们的中间体当
作一个无限,其理由的确就在这里,因为火和土所在的空间显然是
确定的,而水和气或向上或向下两可。)但是(ii)如果物体的种为    30
数是无限的并且都是单体,那么就会有无数的空间和无数的元素
了。如果不可能这样,而空间是有限的。那么整体也必然是有限

---

① 据亚里士多德的想法,每一元素都有自己活动的自然领域,土在中心,火在最
外层。各元素就这样在自己特定的空间静止着,或往这里运动着。这是它们的本性
(自然)。(见《说天》第一章第二节)

的,因为空间和物体不能不互相适应。整个空间不会大于物体所
35　占有的空间(因此物体也不会是无限的),物体也不会大于空间,因
205ᵇ　为否则就会或者有一个空的空间或者有一本性不在任何空间的物
体了。

　　阿拿克萨哥拉关于无限是静止的问题的理论是谬误的。他
说,无限自己使自己不动。其原因在于,它是在它自身内,不受别
的东西包容。好像一事物无论在哪里,哪里就是它的合乎本性的
5　处所似的。但是一事物很可能是被迫而在某处的,在那里并不是
在它合乎本性的地方。因此,即使"宇宙总体是不动的"这个说法
是正确的(因为被自身固定着并处于自身内的事物必然是不能运
动的),我们还是必须说明运动为什么不是它的本性。仅这么提了
一下就不管了是不够的。因为别的无论什么物体也可能不在运
10　动,但并不妨碍它在本性上是能运动的。既然大地不动并不是以
大地是无限的为前提,而是因为它处于中心;但是它之所以会停留
在中心,并不是因为没有别种空间可任其静止,而是因为它本性如
此。然而在这种场合也可以说它使自己固定不动。那么在大地这
15　个例子里,如果它的静止不是因为它是无限,而是因为它重,重的
东西在中心,地球是在中心。同样的道理,无限在自身内静止也不
是由于它是无限和自己使自己固定不动的缘故,而是别有原因。
若照阿拿克萨哥拉的说法,这里可以推断:无限的任何一个部分也
20　应当是静止的,恰如无限使自己固着而静止于自身内一样,从无限
随便取出的任何一个部分也应如此地停留在其自身内。因为整体
所占的空间和部分所占的空间是同一种空间,如整个大地所在的
空间和一块土的空间都在比较下面,作为整体的火和作为部分的

火其空间都在比较上面。因此,如果"在自身内"是无限所在的空间,又,部分所占的空间和整体所占的空间是同一种空间的话,它就应停留在自身内。①

总起来说,既然一切感性的物体皆或重或轻,又,既然重的物 25
体本性趋向中心,轻的物体本性趋向上层,那么"有无限的物体"这说法和"物体都有各自的空间"这种说法显然是两不相容的。因为无限也必然或重或轻,重的向中心,轻的向上。但它作为总体不可 30
能有的重有的轻,或一半重一半轻,因为,如何把它分开来呢?或者说,无限怎能一部分向上另一部分向下,或者一部分向外层一部分向中心呢?

再者,所有感性物体都有空间,空间分为上下、前后、左右。这些空间上的差异不仅依对我们人的关系和依惯例而定,也还依宇宙总体自身来确定。但在无限里是不可能有空间的这些个差别 35
的。

简言之,如果不能有无限空间,又,如果一切物体都有空间,就 206ᵃ
不可能有任何物体是无限的。一事物"在某处"就意味着在空间里,在空间里就是在某处。的确,若无限不能是量的话(因为一个量就是如二尺、三尺,因为它们表示出一个量),同样也就不能在空 5
间里。因为在某处就意味着或上或下,或前或后,或左或右,但其中每一个都是一个限。

根据这些论证可见,没有现实的无限物体。

---

① 因此就会完全没有运动。但阿拿克萨哥拉并不主张没有运动。

# 第 六 节

206ᵃ9　　但是,如果说根本没有无限,显然许多说不通的结论就会因而
10　产生,例如,时间就会有开始和终结,量也就不能分成更小的量,数
也不会是无限的。那么,再加上上面的分析,就显得两种情况皆不
可能了。必须加以仲裁,说明一种含义的无限是有的,另一种含义
的无限则是没有的。

15　　　事物被说成"存在"①,一种指潜能的存在,另一种是指现实的
存在。而无限,一种是加起来无限,一种是分起来无限。现在,如
我们已经说过的,量在现实上不是无限的,但分起来却是无限的
20　(驳斥"不能再分的线"是不难的),因此,只有潜能上的无限。但是
不应把这里的"潜能的"和塑像是"潜能的"一样看待;后者意味着,
将有一个现实的塑像,但无限不是这样,不会有现实的无限。但是
既然"存在"(有)这个词有多种含义,"有无限"就像说"有日子"和
"有竞技会"一样,无限就像它们一样,是一个接着一个永远不断地
发生着。因为在这些事物里也是既有潜能的也有现实的,例如既
25　有可能出现的奥林匹亚竞技会也有现实的奥林匹亚竞技会。

　　　无限在时间里,在人的生殖方面和在量的分割方面有不同的
表现。虽然一般说来,无限是这样的:可以永远一个接着一个地被
30　取出,所取出的每一个都是有限的,但总是不同的。〔再者,"存在"
有多种含义,因此不应该把无限当做"这个",如一个人或一所房

---

① εἶναι 或译为"是",或译为"有",或译为"存在"。

屋,而是作为一种如日子和竞技会之类的存在。"有日子"、"有技会",不是说它们是一个已产生的实体,而是说它们永远处在产生或灭亡的过程中。如果说它们也有有限的部分的话,也会总是一个个不同的。①但细看起来有分别:在量方面的表现是,被分的量永远有剩余;而在时间的消逝和人的生殖方面的表现是,仿佛来源永不枯竭。

加起来的无限和分起来的无限在某种意义上同一:在有限的量里,无限相加是无限相分的逆转。按我们看到的比例继续分下去,按我们看到的同一比例加起来都可以接近已定的量。因为,如果在有限的量中取其一定的部分,然后再按同一比例取出另一部分(不是从原有的总量中取出同一量),②这样不断地进行下去,不会穷尽原有的有限量;但是,如果增大取出的比例,并且每次都取一个相同的量,那么就能穷尽原有的有限量。因为每一个有限量都能被任何比自己小的一定的量所取尽③。因此只有潜能的由于减少的无限,没有现实的无限,除非是像我们说有现实的日子或者有现实的竞技会那样的意思。潜能的无限则像质料那样未成形式地存在着,不像一个本性已确定的事物那样。也有一个潜在的加起

---

① 有的注释家认为这段文字和上面 206$^a$21—29 行重叠,疑是来自不同的校订本。

② 而是从余量中按同一比例取出。

③ 例如 A————B—C—D————O,假设 $AB=\frac{1}{3}AO, BC=\frac{1}{3}BO, CD=\frac{1}{3}$ CO……这样每次按 $\frac{1}{3}$ 的比例分取,无论分取多少次,AO 线总有一段剩下来;而 AB+ BC+CD……也永远不能加到等于 AO。但如果假设 AB=BC……,则 AO=4AB 或 4BC,这样从原有的量中每次分取出同一量,AO 线即可被分完。并且 AB+BC+CD+ DO=AO。

来的无限,即我们说过的那个与分的无限在某种意义上是同一的,
加起来可能超过总数但不能超过每一已定量,就像在分的方向上

20　小得超过每一已定量,并且永远还会有更小的量一样。但是,"加
起来超过一切量"这样的无限,即使是潜能的,也不可能有,除非它
有现实上无限这样一个属性,像自然哲学家所说,气或类似的越出

25　天外的实体那样是无限的。但是如果不可能有这样的在现实上无
限的感性物体,显然也就不能有加起来的潜在的无限,除非(如已
说过的)作为分起来无限的逆转。柏拉图定了两个无限,也是因为
他认为,在加和减的两个方向,超过界限并无限地进行下去是可能

30　的。柏拉图虽然定了两个无限但没有用过它们。因为在数里,在
减的方向上没有无限,因为他认为数字"一"是最小的;在加的方向
上也没有无限,因为他认为数字到"十"为止。

　　"无限"的真正含义正好与平常大家理解的相反,不是"此外全

207a　无",而是"此外永有"。可以证明这个说法的是:有人说不嵌宝
石①的戒指是无限的,因为另外再取得点什么是永远可能的。但

5　这个比方只能表明有某种类似,没有指出无限的全部特性。因为
单有这个条件是不够的,还必须有一个条件:所取的部分要永远不
重复。但在圆里情况不是这样,仅相邻两部分永远不重复。因此,
一个可以永远不断地在已取出的部分之外再取出点什么来的量才

10　是无限的。而"此外再无"的东西是"完成的"或"完全的"。我们给
"完全者"下的定义就是这样的:"完全者是本身不缺少什么的东
西",如整个人或整只箱子。单个的事物是如此,万物总体也是如

---

　　①　如果嵌了宝石,就好像有了个限。

此,例如宇宙就是"此外全无";如果其中缺少什么,或在它以外另有什么,它就不是万有了。"完全的"和"完成的",如果不是完全同一也是关系非常亲近的。没有一个完成的事物没有终结,而终结 15
就是限。

　　因此必须认为巴门尼德的说法比麦里梭的说法合理;麦里梭说宇宙是无限的,而巴门尼德说宇宙是受着限制的,对中心均衡着的①。须知,无限和万有或完全者之间的关系不像两根绳子之间的关系②。他们之所以授予无限以最荣誉的称号,说它是"包罗一切"、"无所不备",是因为它和完全者有某种相似之处。因为无限 20
是量所由完成的质料,是潜能意义上的完全者,不是现实意义上的完全者,它在减的方向上以及在逆转的加的方向上都是可分的;它不是本性完全的和有限的,而是因为别的才被说成是完全的和有限的③。又,作为"无限"的,它不是"包容"而是"被包容"。作为无 25
限的,它也是不可知的,因为这样的"质料"是没有形式的。因此可见,宁可把无限者说成是"部分"而不说成是"完全",因为质料是完全者的部分,就像铜是铜像的部分一样。如果在感性世界里无限者包容感性事物,在理性世界里大和小就也应该包容理性事物。30
但是,以不可知者去包容,以不确定者去确定,这是荒诞的和不可能的。

---

①　巴门尼德认为,宇宙的限是一个和中心等距离的球面。
②　意思是说:无限者和完全者不同种。
③　作为完全者的质料因而被说成是完全的和有限的。

# 第 七 节

207ª34　认为没有"加起来超过一切量"这个意思上的无限,但有分起

35　来的无限,这个说法也是合理的。因为无限也像质料那样,是被包

207ᵇ　容在内的,而包容它的是形式。

在数里,"最少"有一个限,"多些"可以永远不断地超过一切的
数——这个说法也是有道理的。在量里正好相反:"小些"可超过

5　一切小的量,而"大些"没有无限大的量。原因在于,"一"不管是什
么,都是不可再分的。例如"一人"就是一个人,不能再分。而所谓
数者乃是"一"的多数,就是一定数量的"一",因此数必然是建立在

10　不可分者的基础上的("二"和"三"以及别的数字都是派生出来
的)。而"多些"则是可以永远不断地想出更多的数,因为计数的量
是可以无限地分的;因此无限的数是潜能的,不是现实的,是所取
的数永远不断地超过任何已定数。不过"多些"是不能脱离分的过

15　程的,它是不停止的,不断更新的,就像时间和时间的数一样。在
量的方面情况相反:连续者可以无限地被分,但不能无限地"大些"
的。因为它潜能地是多大现实地也能够是多大。因此,既然没有

20　任何一个感性的量是无限的,也就不可能有一个超过一切已定量
的量。否则就会有比天还要大的量了。

无限在量里、在运动里和在时间里是不同的,按照这三者的不
同的本性,是后者因前者的无限而被说成是无限的,例如运动被说

25　成无限是因为运动(或性质变化或增加)所赖以表现的量是无限
的,时间被说成无限是因为运动是无限的。我们这里先使用这些

术语,后面再说明它们各自的本性以及为什么任何量都是可分
的①。

我们驳斥了"有现实的加起来的方向上的无限"(作为"不可穷
尽的")这个主张,并不妨碍数学家的工作。因为他们事实上不需
要无限,他们并不用它,他们只要求一条有限的直线可以任意延　30
长,而按照分最大量时所用的同一比例去分任何大的量也是可能
的②。因此,这对于数学家的证明工作是没有什么影响的,这样的
无限只能存在于现实的量里。

既然原因分四类,显然,无限是质料意义上的原因,其本质是　35
缺失,具有无限这个本性的主体是一个感性的连续体。所有别的　208ᵃ
思想家也都明显地把无限用作质料因,因此把它当作包容者而非
当作被包容者是荒唐的。

# 第 八 节

剩下的工作就是驳斥那些认为不仅有潜能的无限而且还有实　208ᵃ5
际存在的无限的理论根据了。作为根据的这些说法有的是不合逻
辑的,有的则另有正确的解释。

(1)为使产生现象得以不断地延续下去③,"感性物体在现实
上无限"并不是必然的前提。因为,虽然事物的总数有限,但可以
一事物灭亡而另一事物产生。　　　　　　　　　　　　　　　　　10

---

① 见第四章第十一——十三节。
② 有限的线可以按他们的需要延长,也可以按他们的需要截短。
③ 参看203ᵇ18,那里的第(3)点根据。

(2)其次,接触和有限是不同的①。接触是一事物和另一事物发生关系,是一事物接触到另一事物(任何接触者都接触到另一事物),是一个有限事物的偶性。而"有限"不存在和另一事物的关系,也不存在任意两事物之间的接触。

15　(3)用思想无限来支持对事物无限的信念也是荒谬的②。因为这样一来,过量和不足就不是在事物里而是在思想里了,因为人们可以把我们任何一个人想得比实际大许多倍乃至无限;但即使真有那么一个人大得连城市都容他不下,或者超出了我们所能说出的任何体积,那也不是因为有人在这样思想,而是因为真有那么20　一个人存在着的缘故,这样思想是附随着发生的。但的确,时间和运动是无限的,思想也是无限的,它们都只是过程,它们已产生的部分是不能存留下来的。至于量,在思想中无论减小还是扩大,都不是无限的。

关于"无限"的问题:什么意义上的无限是存在的,什么意义上的无限是不存在的,以及,什么是无限,——这些问题就讲这些。

---

① 参看203ᵇ20,那里的第(4)点根据。
② 参看203ᵇ22,那里的第(5)点根据。

# 第 四 章

## 第 一 节

对于自然哲学家来说，必须要像了解无限那样地来了解空间。208ᵃ27问题包括：空间是否存在？如何存在着？以及，空间是什么？

大家公认，存在的事物总是存在于某一处所（不存在的事物就没有处所，例如"鹿羊和狮人在哪里存在呢？"）。并且，"运动"的最 30 一般最基本的形式是空间方面的运动（我们称之为位移）。

究竟什么是空间呢？要解答这个问题有很多困难。因为根据一切有关的现象加以研究，大家得出的结论都不一样。而且在这 35 个问题方面我们从以前的思想家那里也没有得到任何教益（无论 208ᵇ 是提出的疑问还是有关的解答）。

根据相互换位的现象来看，空间被认为是显然存在的。例如，水现在在某处，当它从某一容器中流走时，空气随后就补充进来。因此在另一物体占有了这同一空间时，人们理解到空间是不同于 5 存在于其中并相互换位的一切物体的。原来容受水的器皿现在容受空气，显然，水出来和空气进去的那个空间（或者说处所）是有别于这两者的另一个东西。

其次，自然体（或者说单体，如火、土等）的位移不仅表明的确

10　有空间这东西,而且表明空间具有一种特性。即,如果没有外力影

响的话,每一种自然体都趋向自己特有的空间,有的向上有的向

下;而空间的各个部分(或"种")是上和下,还有左、右、前、后。

15　　　不过,空间的这些个"种"——上、下、左、右——不是就和我们

的关系而言的。就和我们的关系而言,它们不是永远同一的,而且

随着我们转动所产生的相对位置而定的,因此同一位置可以是右

也可以是左,可以是上也可以是下,可以是前也可以是后。但是在

自然界里确定的每一种空间都是固定的,不受我们所处位置的影

20　响。须知"上"不是一个什么偶然的处所,而是火和轻的物体所在

的地方,同样,下也不是什么偶然的处所,而是土和重的物体所在

的地方。这意味着它们不仅是位置方面的区别,而且也有特性方

面的不同。数学的对象也可以说明这个问题,它们没有空间,但在

25　和我们的关系方面有左和右,因此,它们的位置仅仅是我们心里认

定的,而不是说它们在自然界里有左和右等。

再者,那些主张有虚空存在的人们都说有空间,因为虚空应该

就是没有物体的空间。

根据上述讨论,人们很可以认为,在物体之外另有空间这种东

30　西存在,一切物体都是在空间里的。赫西俄德在提出"原始混沌"

时所说的话看来是对的。他说:"万物之先有混沌,然后才产生了

宽胸的大地",意思就是说,事物必须首先有处所。因为他和许多

人一样认为万物都存在于某处,或者说存在于空间里。

35　　　如果空间真是这么个东西,那么它的潜能真是了不起的,它比

209ª　什么都重要:离开它别的任何事物都不能存在,另一方面它却可以

离开别的事物而存在:当其内容物灭亡时,空间并不灭亡。

但是,还有问题:假设有空间这东西,那么空间是什么呢? 是物体的大小呢还是物体的别的什么本性呢? 因为必须首先研究它所属的"类"。

(1)且说空间虽然有三维:长、宽、高——它们是定限一切物体的。但空间不能是物体,因为在同一个空间里不能有两个物体。

(2)其次,如果物体有空间(或者说处所),那么显然,面以及物体的其他的限也应该有空间,因为道理是一样的:原来水的平面在哪里,接着它的空气的平面也会就在哪里。但是我们却不能区别点和点的空间。因此,如果说点的空间和点没有分别,那么别的事物的空间和别的事物也就应该没有分别,空间就不是这些内容物体之外的另一东西了。

(3)我们应该认为空间是什么呢? 因为,既然它有上述这种本性,所以它不能是元素,也不能是由元素——无论是物质性的还是非物质性的——合成的事物。原因在于:它一方面有大小,另一方面又不是物体,而感性物体的元素总是物体,又,没有一个有大小的事物是由理性元素构成的。

(4)也还可能有人要问:空间是存在的哪一种原因呢? 它不是四种原因里的任何一种,因为它既不能作为事物的质料因(因为没有什么事物是它组成的),也不是事物的形式因或定义,也不是目的因,也不是使事物运动的动力因。

(5)再说,如果空间也是一种实在的事物,那么它存在于什么地方呢? 芝诺的疑难①要求我们作一个解释,因为,如果说一切实

---

① 见蒂尔斯辑录《苏格拉底前哲学家残篇》19A24。

在的事物都是存在于空间里的,显然就会有空间的空间等等,乃至无穷了。

(6)再说,恰如物体皆在空间里一样,空间里也都有物体。那么我们应该如何来说明关于生长的事物呢?根据这里的前提得出的结论应该是:每一生长事物的空间必须和它们一起长大,既然每一事物的空间不大于也不小于每一事物。

30    在提出了这些问题之后,必然不仅要问空间是什么,而且还要再问是否有空间这东西。

# 第 二 节

209ᵃ32    既然有的说法是直接用于自身的,有的说法则是间接的,空间也有两种:一是共有的,即所有物体存在于其中的;另一是特有的,即每个物体所直接占有的。

35
209ᵇ    我说的意思是,譬如,你现在在宇宙里,因为你在空气里,而空气在宇宙里;并且,在空气里又是因为在地上;同样,你在地上是因为你是在这个只包容着你的空间里。

现在假设空间是指包容各个物体的直接空间,它就应该是一个限。因此应该认为空间是确定每个事物的量和量的质料的形式或形状,因为后者是每个物体的限。从这个观点出发,一个事物的空间就是这个物体的形式了。

5    如果我们把空间当作量的体积,它就是质料了。须知量的体积是不同于量的,是有形式包围着确定着的,如同被面或限所包围确定着一样。质料或不确定者正是这样的。因为把限或范围的特性一去掉，留下来的就只有质料了。

柏拉图也是因为这个缘故，所以在《蒂迈欧篇》中把质料和处所等同看待了，因为接受者和处所是同一的。在该篇中对"接受者"所作的说明和在口传下来的学说里的说法不同，但还是等同了处所和空间①。须知大家都不过是在说明确有空间这东西，只有　15 柏拉图已经在力图说明空间是什么了。

如果我们这样地看待空间，即如果把它看作质料或形式的话，那么我们自然地会觉得认识空间是什么是一件困难的事情。因为　20 质料和形式都是极难看清楚的，在互相分离的状况下格外不容易认识它们。

但是要看出空间不能是质料或形式这两者之一，这是不难的。因为事物的形式和质料是不能脱离事物的，而空间是能脱离事物的。如我们已说过的，空气原来在那里的，接着水也来到那里，水　25 和空气相互替换，别的物体也如此。因此每一事物的空间既不是事物的部分，也不是事物的状况，而是可以和事物分离的。

空间被认为像容器之类的东西，因为容器是可移动的空间，而不是内容物的部分或状况。　　　　　　　　　　　　　　　　　30

那么，既然空间是可以同内容物分离的，它就不是形式；又，既然它是包容别的事物的，它就不同于事物的质料。并且"存在于某处的事物"总是被理解为，它本身是一个事物，同时还有别的东西在它外面。

---

① 亚里士多德自己也把空间和处所混同了。不过，他是把这两者和限面等同，柏拉图是把它们和体积等同。

如果有必要谈谈离题话,那么柏拉图当然应该说明,理念和数
35 为什么不在空间里,如果接受者就是空间的话——无论接受者是
210ª "大和小"还是质料(如他在《蒂迈欧篇》中所写的)。

又,如果空间是质料或形式的话,那么物体如何能进入它自己
的空间呢?不具有运动也不具有上或下,这样的东西不可能是空
5 间。因此必须正是在具有这些特性的东西里寻找空间。

如果空间是在自身内(如果它是形状或质料就必然如此),那
么就会空间在空间里了。因为形式和不确定者即质料,都是和事
物同时运动变化的,而且不是永远固定在同一个地方的,而是事物
在那里它也在那里的,因此就会有空间的空间了。

10 又,当水由气产生时,原来的空间就破灭了,因为产生的物体
不在原来的空间里了。那么这种空间的破灭是怎么回事呢?

空间之所以必然是一个确实存在的东西的理由,以及所以会
提出关于它的存在方式问题的理由,即如上述。

# 第 三 节

210ª14　　　接下来必须解释"这个在那个里"所指的几种含义。一种是像
15 手指在手里,一般地说就是部分在整体里。另一种像整体在它的
各部分里,因为离开了各组成部分,整体就不存在。第三种比如人
在动物里,一般地说就是"种"在"类"里。第四种是类在种里,一般
20 地说就是"种"的定义的一个组成部分①在"种"的定义里。第五种

---

① 类。例如:"人是两足的动物","动物"这个"类"在"人"这个"种"的定义里。

比如健康在热和冷里①，一般地说就是形式在质料里。第六种比如希腊的一切在国王手里，一般地说就是在第一能动者的手里。第七种作为在善里，一般地说就是在目的里，而目的就是"为了那个"。第八种，也是最严格的一种意义，如说事物在容器里，一般地说就是在空间里。

可能有人会问，有事物能在自身里吗？或者没有一个事物能 25
在自身里，而是，一切事物要么无处所，要么就在别的事物里。

"在自身里"有两种含义：或为自身直接的，或为通过别的事物而间接的。当整体有几个组成部分时（包容者和被包容物），整体将被说成是在自身里；因为我们看到有类似的说法，例如事物由于 30
部分而被说成是白的（因为它的外表是白的），或如一个人因为他的智慧而被说成是有学问的。因而坛子不能在自身内，酒也不能在自身内，而"酒坛子"就能在自身内，因为被容物和包容者是同一整体的组成部分。

因而在这种意义上，事物有可能在自身内，但这不是直接意义 35
上的"在自身内"，这像白在人体里。因为外表在身体里，学问在心 210ᵇ
灵里。但这些属性作为"在人体里"的，是靠了人身上的部分推及于人的。但是坛子和酒分离着就不是整体的部分，虽然在一起时它们都是组成部分。因此，当有部分时，事物就是在自身内，像白在"人"里，因为它是在"人体里"，而它在人体里又因为它在人体外 5
表的"皮肤里"。不过在皮肤里不能再推展下去说是由于别的什么了。

---

① 作者认为心主热、脑主冷，健康在于两者的平衡。

　　但表皮和白这两者毕竟种不同,且两者的本性和能力也不同。

　　因此,如果用归纳法来研究,我们就会发现,就我们辨析过的
"在里面"的种种含义而言,没有哪一个能在自身内。这种不可能
性一经论证就很明显了。因为,如果一事物可能在自身内的话,那
么两者中的每一个都必须同时是两者,例如,坛子必须既是容器又
是酒,酒也既是酒又是坛子。因此,不管它们的互在如何真实,坛
子容受酒终究不是因为它是酒,而是因为它是坛子,酒在坛子里终
究不是因为它是坛子,而是因为它是酒。因此它们的本质显然是
不相同的,因为容受者和被容物的定义不同。

　　一事物即使因偶然属性也不可能在自身内①,因为否则就会
有两个事物同时在同一个事物里了。如果事物有"能容受"这种本
性就能在自身内的话,那么坛子该当是在自身内,另外,还有它所
容受的事物,譬如酒(假设是酒的话),也是在它里面的。

　　因而显然,在直接的含义上有什么事物在自身内是不可能的。

　　"如果空间是一事物,那么它就会在别一事物里",芝诺提出的
这个疑难也不难解决。因为没有什么妨碍直接空间在别的事物
里。当然,这种"在……里"和事物在直接空间里的那种"在……
里"含义不同,而是像健康作为常态之在热里,热作为生理变化之
在身体里那样。因此不必无限地进行下去。②

---

　　①　试对比 195ᵃ35 以下。一般的"有教养的人"和"雕刻家"可以在波琉克利特这
个人身上合一,但是这并不意味着在他的身体内构成两个人的空间。

　　②　"健康之在热里,热之在身体里。"表面上看似乎前进了,实际上还是在原地(因
此不必无限地进行下去)。这就是作者想要说明的。第一个"在……里"和第二个
"在……里"不同。但是作者仍然没有告诉我们,究竟空间是在什么里,以及,如何地在
那东西里。只告诉了我们,空间不需要空间。

那也是很明显的：既然没有一个容器是它的内容物的部分（因为容器直接持有的内容物和容器是不同的），空间就既不会是内容物的质料也不会是形式，而是某种另外的东西，因为质料和形式两者都是内容物的部分。 30

就分析到这里为止吧。

# 第 四 节

现在，空间究竟是什么呢？这个问题下面大概可以明白了。 210ᵇ33
让我们把那些被正确地认为本来属于空间的特性肯定下来吧。

我们认为：(1)空间乃是一事物（如果它是这事物的空间的话）的直接包围者，而又不是该事物的部分；(2)直接空间既不大于也 211ᵃ
不小于内容物；(3)空间可以在内容事物离开以后留下来，因而是可分离的；(4)此外，整个空间有上和下之分，每一种元素按本性都 5
趋向它们各自特有的空间并在那里留下来，空间就根据这个分上下。

我们必须在这些基础上继续研究其余的问题。我们应该试着这样来研究说明空间是什么：既解答提出来的有关疑难，也说明被认为是空间所具有的那些特性事实上确实是它所具有的，还说明 10
与它有关的疑难和问题产生的原因。因为这样做可以使每一个问题得到最令人满意的解答。

首先，应该注意到，如果不曾有过某种空间方面的运动，也就不会有人想到空间上去。须知也正是因为这个缘故我们才特别觉得宇宙也是在空间里的,因为它总是在运动着。①

15　　　与空间有关的运动,其一是位移,其二是增和减,因为在增和减的过程中空间也在变化着,也就是说,原来在这样大的空间里的事物,现在变得是在一个比前大些或小些的空间里了。

　　　运动着的事物有的是自身运动的,有的是因偶性附随着运动
20　的。后一种又分成:(1)自身能运动的,例如身体的部分,或如在船身里的铆钉;(2)自身不能运动,永远是附随着运动的②,例如白和学问,因为它们变换了空间是由于它们所属的主体变换了空间。

　　　既然我们说某物"在宇宙里",是指在空间里的意思,那是因为
25　某物在空气里,而空气在宇宙里的缘故;同时,我们说某物"在空气里"也不是指在全部空气里,而是指在包围着这个物体的那个空气里,因为,如果全部空气是它的空间的话,那么每一个事物和它的空间就不是一样大了,但是它们被公认为是一样大的。

　　　那么事物的直接空间就是这样。

　　　如果事物和包围着它的东西是分不开的,互相结合着的,那么
30　该事物在那个包围的东西里就不是作为在空间里,而是作为部分之在整体里。但是,如果事物和它的包围者是可分离的,是互相接触着,事物就是直接在包围着它的物体的内面里,而这个面既不是内容物的一部分,也不比它大,而是一样大,因为事物互相接触时接触面是一致的。

35　　　如果一事物同另外的事物是联结着的,它就不是"在那个事物

---

　　　① 作者主张宇宙作为整体不是"在空间里",它的运动是环形转动,不改变空间的。见下面第五节。

　　　② "自身能运动的"是指实在的物体,"自身不能运动的"是指属性。

里"运动着，而是"和那个事物一起"运动着。如果是可分离的，它就是"在那个事物里"运动着。而包围着的事物是否在运动着，那是没有什么关系的。再者，如果是不可分离的，它就被说成为部分 211ᵇ 在整体里，比如瞳孔在眼睛里，或者手在身体里；如果是可分离的，则像水在桶里或酒在坛子里。因为手是和身体一起运动的，而水 5 是在桶里运动的。

根据这些，什么是空间，这个问题现在是明白了。因为有四个东西，空间必须是其中之一：或形式，或质料，或限面间的一个独立的体积，或限面本身（如果除了那个产生于其中的物体的大小而外别无体积的话）。

显然其中三个是不可能的。形式包围着事物，所以人们觉得 10 它似乎是空间，因为包围者和被包围者的界面是同一个。的确，形式和空间两者都是限，不过二者是不同的：形式是事物的限，空间是包围物体的限。①

因为在包容者不动的同时，被包容而又可分离的物体却常常 15 在变动，如水之从容器里倒出去。这使人们想象有一个限面间的体积这样一种作为移走了的事物以外的东西独立存在着。

但是这样一种体积是不存在的，而是另有一个可被移动并且能和包容者接触起来的事物偶然地接着替代进来。若是真有一个独立的，并且永恒的体积的话，那么就会有无限个空间了。因为当 20 水和空气互移时，两者整体中的所有部分也将和先前容器中的全

---

① 否定了空间是形式的说法。

部水一样地活动着①；同时这种空间也能移动。因此就会有空间
25 所占有的另一个空间了，就会同时有许多个空间一个套着一个了。

当容器连同内容物作为一个整体移动时，其内容物作为整体
的部分，不更换自己的空间，而是仍然在原来的空间里，因为空气
和水（或水的部分）相互替换是在最近的空间里，不是在它们产生
的空间里（后者是整个宇宙空间的一部分）。②

30 再者，如果把空间作为一个不受内容物变化影响的无内部差
异的连续体来加以考察的话，空间似乎是质料。因为，恰如在发生
质的变换时，某事物原来是黑的现在是白的，或者原来是软的现在
是硬的（因此我们说的确有质料存在着）一样，空间因为有某种同
35 样的现象而被认为也是如此的。分别只在于：我们想象应有质料
存在，是因为原来是空气的东西现在是水；而想象有空间存在是因
为看到原来空气所在的地方现在水在这里。

212ᵃ 但是，如我们在前面说过的，质料既不能同事物分离，也不能
包围事物，而空间有这两种特性。③

因而，如果空间不是这三者中之任何一者，即，既不是形式，也
5 不是质料，也不是一个有别于移换着的物体的永恒的体积。那么
空间必然是剩下的那第四种了，即包围物体的限面了。而我们所
说的被包围物体是指一个能做位移运动的物体。

空间被认为很重要但又很难理解，一方面是由于质料和形式显
得同它在一道，另一方面由于运动物体的位移是发生在一个静止的

---

① 就是说内容物离开之后留下了它原来所占的空间（体积）。
② 以上三段论证否定了空间是一种体积的说法。
③ 以上两段文字否定了空间是质料的说法。

包围者里面,一个有别于运动的量的体积存在着这似乎是可能的。¹⁰
还有,空气的无形也使人相信有一个这样的东西存在,因为,不仅容
器的限面显得是空间,还有限面间空着的部分也显得是空间。

恰如容器是能移动的空间那样,空间是不能移动的容器。¹⁵

因此,当某一事物在运动着的事物内运动,或者说,在它里面
移动着,如船在河里移动着①,宁可作为在包围的容器里,而不作
为在包围的空间里。空间意味着是不动的,因此宁可说整条的河 ²⁰
是空间,因为从整体着眼,河是不动的。因此,包围者的静止的最
直接的界面——这就是空间。

也正是因为这个缘故,所以宇宙的中心和这个旋转体系面对
着我们的表面被认为是所有人的最本质的下和上,因为前者永远
是静止的,后者,这个旋转物体的最内面(指整体)同样永远在自己
原有的地方。

因此,既然轻的事物是按本性上行的事物,重的事物是按本性 ²⁵
下行的事物。那么,包围者向着宇宙中心的界面和宇宙中心本身
都在下,而包围者向着宇宙外部的界面和宇宙外部本身都在上。
也正因为这个缘故,所以空间才被认为是某种很像容器(或者说包
容者)的限面。其次,空间是和事物符合的,因为限面是和它所限 ³⁰
的事物符合的。

---

① 指船在流动着的河水里移动。

# 第 五 节

<sup>212ᵃ31</sup> 那么，如果一物体有另一物体在它外面包围着，它就是在空间里，否则它就不是在空间里。所以水即使无包容者，它的各部分还是能运动的，因为各部分相互包围着；但是，作为整体，一方 <sup>35</sup> 面是能运动的，另一方面又是不能运动的，因为作为整体，它不 <sup>212ᵇ</sup> 同时改变空间，它是作环形运动的，而这个空间是它的各个部分的空间。

虽然有的事物不是向上和向下运动，而是做环形运动的。但有的事物，即能有浓缩和稀释的事物，则是向上和向下运动的。

<sup>5</sup> 如已经说过的①，有的事物潜能地在空间里，有的事物现实地在空间里。如果事物是同种的连续体，各部分就是潜能地在空间里，如果各部分是分离着但又接触着的，像一堆事物那样，它们就是现实地存在于空间里。

其次，有的事物是因自身而在空间里——所有元素体都因自身而在某处运动（或位移或增长）。但是，如已经说过的，宇宙 <sup>10</sup> 作为整体，既然没有任何物体包围着它，就不能说是在某处，也不能说是在任何空间里。但是照它运动的方式，它的各部分是在空间里，因为一个部分包着另一个部分。

另外，有的事物是因别的事物而在空间里的，如灵魂。宇宙

---

① 211ᵃ17—ᵇ5。

也是如此,因为它的所有各部分是在空间里,因为它的各部分呈
环形一层包着另一层。

因此,虽然宇宙的上部做环形转动,但是整个的宇宙却没有处
所。因为一个有处所的事物不仅本身是一事物,而且还要有另一 15
事物和它并存,并把它包在里面才行。但是除了"宇宙万物"(或
曰"万物总体")而外再无别的什么更大的东西包在外边了。

因此一切事物都在宇宙里,因为宇宙就是"万有"。空间不
是宇宙,而是宇宙的一个与运动物体接触的静止的内限。 20

因此地在水里,水在空气里,空气在以太里,以太在宇宙里。
但宇宙再不能在别的事物里了。

根据这些可以看得很明白,所有有关空间的疑难在进一步
作了如下的说明之后就可以得到解决了:空间并不必须和它里
面的物体同时增长;点没有空间;两个物体不能在同一个空间 25
里;空间也不是一个有形的独立的体积,因为空间内的东西是物
体——随便什么物体,而不是物体的体积。其次空间也可以说
是"在某处",但这里的"在某处"不是作为在空间里,而是作为在
受限的物体上的限。因为不是任何事物都是在空间里的,只有
能运动的事物才在空间里。

每一种元素体都趋向自己特有的空间,这个说法是有道理的。 30
因为互相毗邻的、自然而然地相互接触的两元素体关系亲近;加
之,虽然同种元素体自身内的各个部分没有相互作用,但互相接触

的不同元素体之间却有相互作用①。

每一元素体都因本性分别地逗留在各自的空间里,这也不是没有道理的。因为这个部分在整个空间里就像(如果有人把水或空气的部分搅动起来的话)被分离的部分对整体的关系一样。②

气和水的关系如下:很像一是质料一是形式,水是气的质料,气作为水的一种实现。因为水潜能地是气,而气也潜能地是水,不过是以另一种方式而已。这些以后要详细地辨析的③,现在因为行文的需要先谈一下,现在说得还含糊,以后要说清楚的。那么,如果同一事物既是质料又是现实(如水是两者,但一者是潜能意义上的,另一者是现实意义上的),那么水和气的关系就有点像部分和整体的关系。水和气是接触关系,但是当两者实际上在变成一个事物时,它们就是同种事物了。

关于空间的论断:它是否存在,它是什么——就说到这里

--------

① 元素物体之间的相互作用示意如下:

② 把水或气的部分搅动起来,形成一个在同种事物包围中的涡旋(被分离的部分)。这个部分不会有上升或下降运动,而是仍然在各自的那一层空间里。

③ 关于水变成气等等的全面的理论,亚里士多德在《说天》第三章第五节和《论生灭》第一章第五节、第二章第四节有详细的阐述。

为止。

# 第 六 节

必须认为,自然哲学家也应该研究有关虚空的同样一些问题, <sub></sub>213ᵃ13
即,虚空是否存在,它如何存在着,以及,它是什么,就像研究空间
时提出的问题一样。已有的关于虚空的种种看法中,有的相信有 15
虚空,有的不相信有虚空,也像研究空间时的情况一样。那些认为
有虚空的人是把虚空看作一种类似空间(或容器)的东西:当它包
有它所能包容的物体时,它被认为是"实的";当它失去自己的包容
物时,它被认为是"空的";仿佛"空的"、"实的"和"空间"是一样的,
不过它们的存在状况不同而已。

我们研究这个问题应该先考察那些主张有虚空的人提出的理 20
由,再考察那些主张没有虚空的人提出的理由,最后再考察与此有
关的一些流行的说法。

那些企图证明没有虚空的人并没有驳斥主张有虚空的人真正
的主张,他们的论证没有击中要害,如阿拿克萨哥拉和另外一些人 25
就是这样的。他们给皮囊鼓气以显示空气的力,再把它放进漏壶
中①去,从而证明确有空气这种事物存在。但是主张有虚空的人
是想说,虚空是没有任何可见物体的一个空的体积。由于他们认
为存在的都是可见的物体,因而他们说,其中什么也没有的地方, 30

_____

① 漏壶是一种开口容器,底部有一孔,当容器是空的时候,把它翻过来,将手指按
在孔上,然后将它压入水中,若不移开手指,水不能升入壶中。以此证明壶不真是空
的,而是充满着空气,空气阻止水进入壶内。

就是虚空,这就意味着里面充满空气的也是虚空。因此这里需要证明的,不是有空气存在,而是没有一种异于物体的体积(无论是可分离的还是现实的)存在着,它穿插在万物之间因而打破了万物的连续性(如德谟克利特、留基伯和其他许多自然哲学家所说的),或者也许还要说明是否有这样的东西存在于连续的宇宙万物之外。

　　因此这些人甚至没有到达问题的大门口,倒是那些主张有虚空的人说得比他们有理。因为后者主张:(1)如果没有虚空,就根本不可能有空间方面的运动(位移和增长)。因为"实的"不能再容纳别的事物进来。要是能容纳的话,就会有两个事物在同一空间里了,也就可以有无论多少物体同时在一个空间里了,因为无法说出一个超过它就不能成立的数目界限来。如果这样是可能的,那么最小的空间也就能容纳最大的事物了,因为许多个"小"就是"大"。如果许多个相等的物体能在同一空间里,许多不相等的物体也就能在同一空间里了。的确,麦里梭[①]就是根据这些理由证明"宇宙万物是不运动的"。因为,他说,如果有运动,就必然有虚空,但是虚空是不存在的。

　　因此,这就是他们据以证明虚空存在的论据之一。另一论据是(2)有些事物显得能收缩或能被压缩。例如有人说,酒桶能一齐容下酒和酒囊[②],这说明被压缩的物体收缩进虚空中了。

213<sup>b</sup> (margin)
5 (margin)
10 (margin)
15 (margin)

---

　　①　见蒂尔斯辑录《苏格拉底前哲学家残篇》20<sup>b</sup>7,§7;亚里士多德《论生灭》325<sup>a</sup>2。

　　②　或:"……原来刚好装满酒桶的酒,现在这酒桶却能将装在酒囊里的还是原来那么多的酒,再加上这酒囊一齐容下,……"

还有,(3)大家认为增长也是因为有虚空才得以实现的,因为食物也是物体,而两个物体在同一个空间里是不可能的。他们还用灰堆上的现象来证明这一点,灰堆能吸收和空的容器所能容受的一样多的水。

毕达哥拉斯学派也主张(4)有虚空存在,并且认为虚空是由无限的呼吸(作为吸入虚空)进入宇宙,它把自然物区分了开来,仿佛虚空是顺次相接的诸自然物之间的一种分离者和区分者;而这首先表现在数里①,因为虚空把数的自然物区分了开来。

有些人肯定虚空存在,有些人否定虚空存在,他们所持的理由大概就是这样几种。

# 第 七 节

为了确定是否有虚空,应当先了解这个术语的含义。虚空通常被理解为里面什么也没有的空间。其原因在于:存在都被理解为物体,又,一切物体都在空间里,而里面没有任何物体的空间是空的。因此哪一个地方没有物体,哪里就是虚空。又,他们认为物体都是可触知的,且正是这种可触知的东西有轻有重,因此用演绎法得到结论:不包容有任何轻的或重的物体的地方,就是虚空。虽然正如我们刚才说过的,我们用演绎法得到了这个结论,但如果据此再演绎说:"点"是虚空,那是错误的,因为虚空应该是里面有可

---

① 将各连续的集合体数出数目来的无形的限就是这些集合体的数,而集合体本身就以它们特有的数来命名。因此,一定的数既表示计数的限,也表示有数的集合体。

触知物体的体积的空间。但是无论如何我们听到了关于虚空的一种说法：虚空是里面不充满着可触知物体的体积，而可触知物体是有轻重的。或许有人因此要问，如果体积有颜色或声音，那么人们
10 会说什么呢？它是不是虚空呢？答案是显而易见的：如果能接纳可触知物体的，它就是虚空，否则就不是。

　　另一种说法是：虚空是里面没有任何"这个"，也就是说没有任何有形实体的地方。因此有些人主张虚空是物体的质料（主张空
15 间是质料的也正是这些人①）。这种同一论是不正确的，因为质料和事物是不能分离的，但是这些人研究虚空时是把它作为可分离的东西看的。

　　既然已经确定了关于空间的问题，既然虚空（假定它存在的话）必然是失去了物体的空间；又已经说过，什么含义下空间是存
20 在的，什么含义下空间是不存在的；那么显然，这样的虚空（无论是不可分离的还是可分离的）是不存在的。因为人们想说的是：虚空不是物体而是物体的体积。也因为这个缘故，所以虚空被认为是一种独立的存在，因为空间也被认为是一种独立的存在；原因也相同。因为那些主张空间是包含在其中的物体之外的另一独立事物的人们，是有鉴于空间方面的运动才这样主张的，那些主张虚空是一独立事物的人们，也是有鉴于空间方面的运动才提出这样的主
25 张的。这样的虚空（作为运动发生于其中者）他们认为是运动的条件。其实这也许是另外一些人说成是空间的那种东西。

　　有运动绝不必然有虚空。无论如何，一般意义的运动不必要

---

　　① 把空间和质料等同对待的是柏拉图。见 209<sup>b</sup>11。

有虚空作为条件。麦里梭也是没有发觉这一点：即，实的事物是可以有性质变化的。但是，即使空间方面的运动也不是必须要有虚空为条件的，因为事物能够同时互相提供空间，虽然没有任何脱离 30 运动物体而分离存在着的体积。在连续物体的转动里可以看到这种情况，正如在流体的涡动里看到的一样。

事物之能被浓缩倒不是因为进入了虚空，而是因为包容在其中的别的事物压出去了。例如水受压时，其中的空气被压出去了。214ᵇ 而事物的增大也不仅可以由于吸取别的事物，也可以由于性质的变化，例如水变成气。

总之，无论是关于增大现象的论证还是关于水被倒进灰里去的现象的论证，都是自相矛盾的。须知关于物体的增大问题我们 5 也委决不下①：也许不是所有部分都在增大，也许不是通过加进任何物体的方法，或者可以有两个物体在同一个空间里（于此他们是在要求解决我们和他们的共同疑难，而不是在证明虚空的存在），或者，如果增大物体的每一部分都在增大，并且是由于虚空才得以增大的话，那么必然整个增大物体都是虚空。关于灰的现象这同 10 一论证也适用。

到此可见，驳斥用以证明虚空存在的根据是很容易的。

---

① 这一段文字亚里士多德既没有表明这些疑问是如何产生的，也没有说明问题如何才能解决。在他的另一著作《论生灭》第一章第五节有详细的讨论。

# 第 八 节

214b12　　　让我们再来说明：如有些人所主张的那种同物体分离的虚空是不存在的。

　　如果每一单纯的物体都有各自自然的位移，如火向上；土向

15　下，即向宇宙的中心，那么显然，虚空不会是位移的原因（条件）。那么虚空会是什么的原因呢？因为它被认为是空间方面运动的原因，但又不是这种运动的原因。

　　其次，如果虚空是失去了内容物体的某种空间，那么，当它空

20　着时，其中的物体往何处移动呢？它当然不会往虚空的全部地方移动的。这同一论证也可以用来反对那些主张空间是有事物进入其中的，某种分离存在的独立事物的人们。因为可以试问，其中的事物如何移动或静止呢？这同一论证既适用于论证空间方面的"向上"和"向下"的问题，也适用于论证虚空问题，是理所当然的。

25　因为那些主张有虚空的人是把虚空当作空间看待的。还有，事物以什么方式处在这种空间里（或者说虚空里）呢？一个物体作为整体被置于分离存在而且不受内容物变动影响的空间里，这样的事情是不会发生的。因为它的部分若不是分离着，就不是在空间里，而是在整体里了。于是，既然没有分离的空间，也就不会有虚空了。

　　有人说，如果有运动，虚空的存在是必然的。其实只要仔细考

30　察一下，实际发生的情况毋宁说正好相反，即，如果有虚空，就不可能有任何的运动。因为，恰如有些人以"相同"为理由主张地球是

静止的那样①，在虚空里的事物也必然是静止的，因为虚空里没有这样的地方：事物倾向于往这里运动而不倾向往那里运动，因为，作为虚空是没有差异的。

首先，一切运动不是强制的就是自然的。并且，如果有强制的运动，就必然有自然的运动（因为，强制的运动是和自然的运动相对立的，与自然的运动对立的运动是以自然的运动为先在条件的），因此，如果一自然物体没有自然的运动，也就不会有任何其他的运动。但是在全无差异的无限虚空里如何能有自然的运动呢？因为，作为"无限"，不能有"上"、"中"、"下"之别，作为"虚空"没有"向上"和"向下"之别，恰如"无"（没有）中没有任何内部区别一样，"否"（不存在）也没有内部区别；虚空被认为是一种"否"，或者说缺失。但是，自然的位移是有分别的，因此自然的事物是有这种区别的。所以，要么无论何处都没有什么事物具有自然的位移，要么有这种位移，而没有虚空。

其次，被抛扔的物体在已经和抛扔它的物体脱离之后还在运动着，这或者是由于循环位移（如某些人所主张的），或者是由于开始的推动者（以比被抛扔的物体进入自身空间的自然位移更快的运动）推动起来的空气在接着推动它。但在虚空中这些事情都不能发生，除了作为被带着移动的事物就没有什么事物能继续运动。再者，也没有人能说出为什么原来在运动着的事物会在"某一地方"停下来，因为，为什么停留在这个地方而不是在别的地方呢？

---

① 阿拿克西曼德第一个断言，地球自由地浮悬着，不是被任何事物控制在空间里，但是它"因与万物距离相同"而逗留在它原来的位置。（见希波吕特《参考资料》i.6. 3；亚里士多德《说天》295ᵇ11"因相同而静止着"；柏拉图《斐都篇》109A）

因此事物或静止不动，或，如果没有某一更有力的事物妨碍的话，它必然无限地运动下去。

再说，事物由于有退让现象而被认为正在往虚空里运动。但是在虚空里的任何地方都同等地没有阻碍，因此事物照理也应一律地向其中一切地方运动。

再次，我们的主张还可以证明如下。我们看到同一重量或者说同一物体，运动的快慢有两个原因：(1)运动所通过的介质不同（如通过水或土或空气），(2)运动物体自身轻或重的程度不同，如果运动的其他条件相同的话。

(1)介质造成运动速度的差异是因为它对运动物体的妨碍作用，如果它做相反方向的运动，妨碍作用最大，静止时的妨碍作用次之；另外，不易分开的介质，即比较致密的事物，阻碍作用也较大。例如物体 A 在 γ 这段时间里通过事物 β，以及在 E 这段时间里通过稀疏的事物 Δ，若事物 β 的长度等于事物 Δ 的长度，那么这两运动的速度的差别就表现在阻碍物体的密度的比上。假设 β 是水，Δ 是空气，而空气比水稀薄多少，程度差多少，物体 A 通过 Δ 也就会比通过 β 快多少。因此，假设速度间的比等于空气和水的密度比，那么，如果空气比水稀两倍，物体将以通过 Δ 时所花的双倍时间通过 β，也就是说，时间 γ 将比时间 E 大两倍。介质的可见程度愈差，阻力愈小，愈容易分开，运动的速度也总是愈快。

但是没有一个比例可用以表现虚空被物体超过的程度，就像没有"O"和某一数之间的比一样。例如四超过三的数目为一，四超过二的数目大些，四超过一的数目比超过二的数目更大些，但没有一个比例可用来表示四超过"O"，因为超过者（大的数）必然可分为两个组成部分:被超过者(小的数)和差额,因此四就会等于它超过"O"的数加上"O"了(因此,既然线不是由点组合成的,就谈不上线超过点的问题);同样,空的对实的也不能有比;因此也不能有 20 通过前者的运动对通过后者的运动的比。但是,假设物体在一定时间内通过最稀的介质的一定距离,那么它就会以超越一切的比例的速度通过虚空。

假定 Z 是虚空,它的大小等于 β 和 Δ。假设在一定的时间H——比 E 还小的时间——里物体 A 运动着通过虚空,那么就会 25有"空的"对"实的"这种比例了。于是在等于 H 的这段时间里物体 A 能通过 Δ 的 θ 部分。并且在这段时间内它也一定能通过一个实体 Z 了,只要这种实体在稀的程度上超过空气是按时间 E 对 30时间 H 的比就行了。因为,如果物体 Z 比 Δ 稀的程度相当于 E超过 H 的程度,那么,如果物体 A 通过 Z,它就会在与运动的速度 216ª大小相反的时间里,亦即在等于 H 的时间内,通过后者。因此,如果在 Z 里没有物体,A 通过 Z 会还要更快。但是问题在于一定要在 H 这段时间里。因此 A 就会以相等的时间通过实的 Z 和空的Z,但这是不行的。因此显然,如果确有物体通过一段虚空所需的这种时间存在的话,就会产生一种不能成立的推论:物体通过一实 5的事物和通过一虚的事物的时间相等,因为是有这样一些介质的:它们相互间的密度比是和通过它们所需时间的比相同的。

总的说来,运动对运动都有比例(因为运动都占有时间,而时间对时间有比例,两者都是可以确定的),但是空对实是没有比例 10的。——这个结论的根据是显而易见的。

关于运动的速度受到所通过的介质的差异影响,这方面的结

论就如上述。下面谈到(2)运动速度受到运动物体本身差异的影
15　响。我们看到有较大动势——重的向下,轻的向上——的物体(假
设结构上的其他方面相同)通过同一距离的速度也较大,并且速度
的比等于这些物体量的比。因此它们也将以同样的速度比通过虚
空。但这是不行的。因为,为什么一物体要比另一物体运动得快
些呢? 在实的空间里情况必然如此,因为力较大的物体分开介质
的速度也较快。因为物体破开介质前进的速度若非取决于形状,
20　就是取决于自然运动物体或被抛扔物体所具有的动势。因此在没
有介质的虚空里一切物体就会以同样的速度运动了。但这是不可
能的。

　　据上所述可见,如果有虚空存在的话,情况正好是主张有虚空
的人提出来作为理由的反面。

　　因此,虽然有人主张:如果有空间里的运动,就会有自己独
25　立的虚空。但是这和"空间是一种分离着独立存在的事物"的说
法是一样的。前面已谈到过,这是不可能的。但是在人们就虚
空本身研究虚空时,这所谓的虚空也似乎显得真是空的。因为
恰如假使有一个人把一个立方物体放在水里,就会有与这个立
30　方体体积相等的水被排挤出去,在空气里发生的情况也是如此
的,只是感官觉察不出来。所以凡可位移的介质(无论是什么物
体),如果它不发生浓缩,必然都沿着置入物体自然位移的方向
移动:或总是往下,如果置入物体(如土)的自然位移是向下的
话;或总是向上,如果置入物体是火的话;或既向上也向下,不管

置入物体的自然位移方向如何①。但是在虚空里这是不可能的，35
因为它不是物体。可能有人会这样想：原来在虚空里的相当于立
方体体积的那一份虚空已经透入了立方体内，宛如（假设）水或空
气没有被木块所排挤掉而是完全渗透进了木块。但是立方体也具 216b
有和那份虚空所有的量一样大的一个量；如果这个量——我这里
指的当然是木块的量——也有冷、热、轻、重这些属性的话，那么，5
即使它和这些属性是不能分离的，它的本性也还是有别于这些属
性的。因此，即使它能同所有其他属性分离，并且既无轻也无重，
它还是占有一等量的虚空，并处在与它本身相等的这份空间（或者
说虚空）里。那么立方体又怎能和与它相等的虚空或空间区别开 10
来呢？又，既然能有两个这样的事物共存，为什么就不能有任何多
的数目的事物共存呢？因此，这是一种荒诞的不合理的想法。

也很显然，立方体被移置，它也会具有其他一切物体都具有的
量。因此，如果这个量和空间完全没有分别，那么，为什么还需要 15
在每一物体的体积以外再给物体定出空间这个概念来呢（若体积
是没有质的）？因为，如果有另一个相等的量渗透进这个量里面
来，那么量和空间就没有什么不同的了。

〔其次，虚空存在于运动的事物之间似乎应该是很明白的，但
是事实上宇宙那儿都找不到这样的虚空，因为有空气在，虽然人们
看不到它。假如鱼是铁的，那么它们也不会觉得有水在了，因为可
触知事物的存在是凭触觉来判断的。〕② 20

---

①　譬如气是介质，水是置入物体，那么气就会既在水的下边给水让路，也涌到
的上面来。

②　括号内这段文字希腊注释家们都不知道，可能是一段伪文。——英译本注

因此，根据这些理由可以看得很明白，没有分离存在的虚空。

# 第 九 节

216ᵇ23     有些人以事物有稀和密为根据，认为虚空显然是存在的。因为，假如没有稀和密，也就不能有事物的密集和压缩，假如没有密25集和压缩，就会或者完全没有运动，或者（如果有运动）就会万物膨胀而凸起来（正如克苏托斯①所说），或者气和水永远等量互变——我所说的意思是：譬如一满杯水变成气，同时也就有一满杯30的水由气产生——或者就必然有虚空，因为否则就不可能有收缩和膨胀。

（a）如果他们所说稀的事物是指具有许多分离存在着的虚空的事物，那么很显然，如果不能有分离的虚空存在（正如不能有自身具有体积的空间存在那样），也就不能有这种稀的事物存在了。

（b）如果他们是说，虚空存在于稀的物体中，但不是分离地存35在着。这个说法虽然比较有点道理，但是其结果：首先，虚空就不217ᵃ是一切运动的原因，而只是上升运动的原因了，因为稀的事物轻（他们说火是稀的，原因也在这里）。其次，虚空是运动的原因，但不是运动在它里面发生，而是宛如一些皮囊由于自身的上升把与它结合在一起的事物也一起带着上升。虚空就这样使得别的事物5上升。但是，怎能有虚空的位移或虚空的空间呢？因为虚空进入

---

①　克苏托斯（Xuthus），是克罗顿地方的毕达哥拉斯派，参看第尔斯：《苏格拉底以前哲学家残篇》i. 284, 22—5。——英译本注

其中的就是虚空的虚空了。再说，他们又将如何解释重物的下降运动呢？也很明显，假如事物愈是稀或者说愈是空，上升的速度也愈大的话，那么，如果完全是空的，运动的速度就会最大了。但是它也许甚至不可能有运动，道理是一样的：就像万物在虚空里皆不能有运动那样，虚空也不能运动，因为虚空如能运动，其速度会是 10 无法比量的。

　　既然我们否认虚空存在，而其他的选择也已正确地谈过了：如果没有密集和稀释，就会或者完全没有运动；或者就会宇宙万物都膨胀而凸起来；或者永远等量地气变成水，水变成气（因为很明显，由水产生的气比水的体积大）——因此必然，如果没有压缩，那么 15或者紧接着的相邻的部分都往外膨胀，使得最外部分凸起来，或者必然在别的某处有和由水产生气时等量的水正在由气产生，以致总的体积可以不变；或者就根本没有运动，因为事物位移时若非作循环移动就只有这样了，但是位移并不是永远只有循环这一种形式，还有成直线的一种。 20

　　他们主张有虚空存在的理由应该就是这些了。而我们主张的根据是：对立的两面（热和冷以及其他的自然的对立）的质料是一个；现实存在的事物是由潜能存在的事物产生的；质料和对立的属性是不能分离的，但又是有分别的；颜色、热和冷（如果碰巧是这些 25变化的话）的质料可以是一个。大的物体和小的物体的质料也可以是同一个。这是很明显的。因为当气由水产生时，同一质料变成了不同的事物，这时并没有额外增加什么别的，而是原来潜在的事物这时变成了现实的事物；水由气产生时也是这样的。——水变成气是由比较小的变成比较大的，气变成水是由比较大的变成 30

比较小的。

  因此同样，当气的体积由大变小或由小变大时，变成二者的是
潜在着的二者的质料。因为，正如由冷变热以及由热变冷，其质料
同一，这是由于质料潜能地是二者，由热的变成更热的也是如此，
在质料里并没有新产生任何热的东西（在事物还是原来那样热时
这东西是不热的）。正如较大的圆的弧或者说曲线变成了较小的
圆的弧或者说曲线（不论它是否同一），在它的无论哪一部分都没
有新产生曲线（本来不是曲的而是直的）——因为属性程度的改变
并不是通过增减的途径而得到的——在火焰里也找不到任何一处
不是白热的。原先是热的变成后来更热的也如此。因此，可见物
体的体积的大和小，它在程度上的扩大，不是因为质料额外获得了
什么，而是因为质料潜能地是两者。因此同一事物可以一个时候
是稀的另一个时候是密的，两者的质料是同一个。

  密的事物重，稀的事物轻①。须知密的事物和稀的事物都各
有两重特性：密的事物被认为是重的和硬的，稀的事物相反，是轻
的和软的。但重的和硬的在铅和铁上表现得不一致。

  综上所述可见，分离的虚空不存在（无论是单独存在的还是存
在于稀的事物间的②），潜能的虚空也不存在，除非有人打算把位
移的原因叫做虚空。但是如果这样的话，重的事物和轻的事物的
质料，作为这种质料，就是虚空了，因为密的事物和稀的事物是因
轻和重这种对立特性而能做位移的。但是它们因硬和软的特性而

---

 ① "轻"字后略掉四行，因为许多注释家都认为这是一段伪文。
 ② 这里举出现实的虚空的两种假定的形式，和下面的"潜能的虚空"有别。

易变和不易变,所以稀和密与其说是位移的原因,不如说是性质变化的原因。

那么关于虚空的问题,即如何存在如何不存在,就研究到这里吧。

# 第 十 节

在讨论了上述这些问题之后,接着要讨论的就是关于时间问题。最好还是先提出有关时间问题的疑难,一般地论证:时间是存在着的事物呢,还是不存在的呢? 它的本性是什么呢?

根据下述理由人们可能会觉得,时间根本不存在,或者虽然存在着,但也只不过是勉强地模糊地似乎存在着罢了。

它的一部分已经存在过,现在已不再存在,它的另一部分有待产生,现在尚未存在。并且,无论是无限的时间之长流,还是随便挑取的其中任何一段,都是由这两部分合成的。而由不存在的事物所合成的事物是不可能属于存在的事物之列的。

其次,假设一可分事物存在着,那么,在它存在时,必然有它的所有部分或一些部分正存在着。至于时间,虽然它是可分的,但它的一些部分已不存在,另一些部分尚未存在,就是没有一个部分正存在着。"现在"不是时间的一个部分,因为部分是计量整体的,整体必须由若干个部分合成,可是时间不被认为是由若干个"现在"合成的。

再次,也不容易看清楚:显得是"过去"和"将来"的界限的"现在"(a)究竟始终是同一个呢,还是(b)不同的一个又一个呢。

(b)如果"现在"是永远不同的一个又一个,而在时间里没有哪两个不同的组成部分是同时并存的(除非是一个部分被另一个

217ᵇ29

30

218ᵃ

5

10

部分所包括,一个较短的时间被一个较长的时间所包括),又,以前

15 存在如今已不存在的"现在"必然在某一个时候已经消失了,那么就不能有几个"现在"彼此同时存在,前一个"现在"必然总是已经消失了的。但是前一个"现在"不能消失在它自身内,因为当时它还正存在着;但它也不能消失在后一个"现在"里。因为我们必须坚持一个基本原理:"现在"是不能彼此一个接在另一个后面的,就

20 像"点"不能一个接一个那样①。因此,如果它不消失在下一个"现在"里,而是消失在再后的某一个"现在"里的话,那么它就会与(它存在时的和消失时的)两个"现在"之间的无数个"现在"同时并存。但这是不行的。

(a)但是"现在"又不可能永远是同一个。因为凡是有限的和可分的事物无论是在一维还是在几维延伸,都不会只有一个限;

25 "现在"是一种限,并且是可以做到以"现在"为限取出有限的一段时间来的。又,如果时间上的共存(不先不后)就意味着存在于同一个"现在"里的话,那么,如果以前的事物和以后的事物都存在于这同一个"现在"里,那么一万年前发生的事情就会和今天发生的

30 事情是在同时,也就没有任何事物先于或后于别的任何事物了。

就让这些作为有关时间特性的疑难吧。

至于说到时间是什么或者说它的本性是什么,前人给我们留下的解释,并没有比前面刚才讨论的问题启发更多。(a)有些人主

218b 张时间是无所不包的天球的运动②,(b)有些人主张时间就是天球

---

① 第六章第一节有论证。
② 柏拉图。

本身①。但是(a)循环旋转的部分也是一个时间,但它确实不是循环旋转,因为所取的是循环旋转的部分而不是循环旋转②。此外,如果天有多重,如果任何一重天的运动都一样地是时间,那么就会同时有许多个并行的时间了。(b)认为时间是整个天球的那些人所持的理由是,万物都发生在时间里,也都存在于整个天球里。这种说法是太荒诞了,以致无须研究如何来说明它的不合理性。

　　但是,最流行的说法还是把时间当作一种运动和变化,因此必须研究这种见解。每一个事物的运动变化只存在于这变化着的事物自身,或存在于运动变化着的事物正巧所在的地方;但时间同等地出现于一切地方,和一切事物同在。其次,变化总是或快或慢,而时间没有快慢。因为快慢是用时间确定的:所谓快就是时间短而变化大,所谓慢就是时间长而变化小;而时间不能用时间确定,也不用运动变化中已达到的量或已达到的质来确定。因此可见时间不是运动,这里我们且不必去管运动和变化有什么区别。

# 第 十 一 节

　　但是时间也不能脱离变化。因为,如果我们自己的意识完全没有发生变化,或者发生了变化而没有觉察到,我们就不会认为有时间过去了。正像那些神话里在萨尔丁岛上在英雄们身边睡着了的人们,在醒来时所以为的那样。因为他们把前一个现在和后一

---

　　① 毕达哥拉斯派。

　　② 古代注释家都认为这段文字晦涩莫解。总的意思也无非是否定"时间是天球的运动"的说法而已。

个现在重合在一起,当作是一个,由于没有觉察到而除去了中间的一段时间。因此,正如"现在"若无区别而仍是同一个,就没有时间,若两个"现在"的区别未被觉察到,中间的这一段时间也这样地

30 似乎不存在。因此,如果我们没有辨别到任何变化,心灵显得还保持在"未被分解的一"这种状态下,我们就会发生以为时间不存在的现象;如果我们感觉辨别到了变化,我们就会说已经有时间过去

219ᵃ 了。可见时间是不能脱离运动和变化的。

因此,时间既不是运动,也不能脱离运动。这个道理是很明白的了。

因此,既然我们要探究"时间是什么"的问题,我们必须以此结论为出发点来了解"时间是运动的什么"。须知我们是同时感觉到运动和感觉到时间的。因为,虽然时间是难以捉摸的,我们不能具

5 体感觉到的,但是,如果在我们意识里发生了某一运动,我们就会同时立刻想到有一段时间已经和它一起过去了。反之亦然,在想到有一段时间已经过去了时,也总是同时看到有某一运动已经和它一起过去了。因此,时间或为运动或为"运动的某某",既然它不

10 是运动,当然就只有是"运动的某某"了。

既然运动事物是由一处运动到另一处的①,并且任何量都是连续的,因此运动和量是相联的:因为量是连续的,所以运动也是连续的;而时间是通过运动体现的:运动完成了多少总是被认为也

15 说明时间已过去了多少。"前"和"后"的区别首先是在空间方面的。在空间方面它们用于表示位置。其次,既然量里有前后,运动

---

① 意示两处之间的间隔,即一个量。

里也必然有前后,和量里类似。但是,因为时间和运动总是相联
的,所以时间里也有前后。时间里的前后和运动中的前后,两者的 20
存在基础①是运动,但是在定义上前后有别于运动,也就是说,不
是运动。当我们用确定"前""后"两个限来确定运动时,我们也才
知道了时间。也就是说,只有当我们已经感觉到了运动中的前和
后时,我们才说有时间过去了。并且,我们是通过辨别前一个限和 25
后一个限以及两个限之间的(有别于两个限本身的)一个间隔来确
定它们的。因为,在我们想到两端有别于其间的间隔,理性告诉我
们"现在"有两个——前和后——时,我们才说这是时间,因为,以
"现在"为定限的事物被认为是时间。我们假定这点吧。 30

　　因此,当我们感觉到"现在"是一个,并且,既不是作为运动中
的"前"或"后",也不等同于作为一段时间的"后"和其次一段时间
的"前",就没有什么时间被认为过去了,因为没有任何运动。但
是,当我们感觉到"现在"有前和后时,我们就说有时间。因为时间 219ᵇ
正是这个——关于前后的运动的数。

　　因此,时间不是运动,而是使运动成为可以计数的东西。下
面的事实可作证明:我们以数判断多或少,以时间判断运动的多 5
或少。因此时间是一种数。但是数有两种含义,我们所说的数
有:"被数的数"(或"可数的数")和"用以数的数";时间呢,是被
数的数,不是用以计数的数。用以计数的数和被数的数是有区
别的。

―――――――――

　　① 比如"上行"和"下行"的"存在基础"是梯子,但就定义而言,"上行"、"下行"有
别于梯子。

10    正如运动总是在不停地继续着那样，时间也是①不停地继续
着的。但所有同时的时间是同一个（因为"现在"的本质是同一
个），但是放在一定的关系中看，它又不是同一的。又，"现在"分时
间为"前"和"后"。但这个"现在"在一种意义上是同一的，在另一
种意义上是不同一的：作为不断继续着的"现在"，是不同的（它之
15  所以为"现在"正是这个意思）；作为本质它又是同一的。因为，如
已经说过的，运动和量相联，而时间，如已说过的，和运动相联；同
样，我们借以认识运动和运动中的前后的运动物体和点相联②。
20  运动物体的本质是同一的（因为点、石子或别的事物都是同一个），
但在它所处的关系中看，它不是同一的。正如诡辩派学者们主张
在吕克昂地方的柯里斯柯和在市场上的柯里斯柯不是同一个那
样，在甲地的运动物体和在乙地的运动物体也不同一，像时间和运
25  动相联那样，"现在"和运动物体相联，因为我们凭运动物体认识了
运动中的前和后；作为可数的前和后就是"现在"。因此，"现在"的
本质，在前和后里，也是同一的（因为它是运动中的前和后），但它
"是前一个现在"还是"是后一个现在"，这是不同的，因为"现在"是
作为可数的前和后。这是最明白的：运动是通过运动着的事物才
30  被认识的，位移是通过做位移运动的物体才被认识的，因为位移的
物体是具体的，而运动不是具体的。所以说，"现在"总是在一种意

---

①    以下这一段指出：正如运动是因为看到单独的一个物体在挨次的各点上运动
而被认识出来的一样，一段时间是因为看到单独的一个"现在"已隶属于多个被感觉到
的事件而被认识出来的。（罗斯：《亚里士多德》英文版第 90 页）

②    "……运动物体和点相联"，就是说它仅仅作为运动的一个标志，不管它的其他
特性。

义上同一,在另一种意义上又不同一,因为运动的物体也如此。

显然,没有时间就没有"现在",没有"现在"也就没有时间。因 220ᵃ
为,正如做位移运动的物体和位移运动共存一样,位移物体的数和
位移的数也是共存的。因为,时间是位移的数,而被比作运动物体
的"现在"好比数的单位。

因此,时间也因"现在"而得以连续,也因"现在"而得以划分。 5
因为这里也有相当于位移和位移物体之间的关系:运动或位移因
位移的事物而成为一连续体,它的是一个连续体倒不是因为它本
身是一个连续体(因为也可能有停顿),而是因为根据定义看来是
一个连续体。这运动物体也作为"前"和"后"的运动的分界,在这 10
方面它与点有某种类似之处。因为点既延续长度,又定限长度,因
为它是一段的起始,同时是另一段的终结。但是在人们这样地一
物二用的时候,如果同一个点既是起点又是终点,就必然会有停
顿。可是,"现在"(由于运动的事物是在运动中的,所以)是不断变 15
换着的。因此,时间所以是数,不像一个点那样既是起点同时又是
终点,倒像同一线段的两端;也不像同一线段的几个部分。前者的
理由如上述(因为把中间的分界点作为双重意义,就会包含了停
顿),后者的理由是:显然"现在"不是时间的部分,段落也不是运动 20
的部分,就像点不是线的部分一样,因为一条线的部分是两个线
段。因此"现在"作为限就不是"时间",而是"属于时间",而作为计
数者,它是数。因为"限"只是属于被它们定限的事物,而数,例如
"十",则是这十匹马以及其他可数事物的数。

因此可见,时间是关于前和后的运动的数,并且是连续的(因 25
为运动是连续的)。

## 第 十 二 节

最小的无名数是二①。但是名数一方面有最小，一方面又没有最小，例如线，它在数方面的最小是二或一②，但在量方面没有最小，因为每一条线都是永远可以分得更小的。时间的情况也相同：在数的方面最小是一或二，而在量方面没有最小。

也显然，时间本身不能说"快慢"，而是"多少"或"长短"。因为作为连续体说它是"长短"，作为数说它是"多少"；但它不是"快慢"，因为，即使我们用以计数的数，也不是说快慢的。

在任何地方，同时的时间都是同一的，前后的时间就不是同一的，因为"正在发生的"变化是一个，而"已发生的"变化和"将发生的"变化不是同一个。时间不是我们用以计数的数，而是被计数的数，所以这个数因先后不同而永不相同，因为"现在"是各不相同的。一百匹马和一百个人的数目是同一的，但被数者是不同的，马不同于人。其次，像运动过程能一再反复地同一那样，时间也能如此，例如年、春、秋即是③。

---

① "一"算是单位，单位不能算是数。所以说最小的无名数是"二"。

② "二"是取作线的单位的比较小的线段的最小数；"一"是指"一段线"或"一个单位时间"等。

③ 选择星空的转动作为计量时间的标准，正是因为它有反复。它让人们看到，匀整地流动着的时间可以被分成许多大体上相等的周期，或者说，可以使我们认识到经验或现象的反复。但是必须认为，时间本身并不是循环运动的，而是成直线运动的。

这里以及下面的几处在叙述方法上不够完善，因为有两种不同的情况：有时作为计量者的单位和被计量者是同一种量（如以线量线），有时计量者和被计量者只是成比例，而不是同一种量。

我们不仅用时间计量运动,也用运动计量时间,因为它们是 15
相互确定的。时间既然是运动的数,所以它确定运动。运动也确
定时间。我们说出用运动计量的时间是多是少,就像用被计量的
事物来说出数一样,例如用一匹马作为单位来说出马的数目。我 20
们是靠了数来认识马的多少的,反过来,又靠了一匹马作为单位来
认识马的数目。在时间和运动的关系上也一样,因为我们一方面
用时间来计量运动,另一方面也用运动来计量时间。这是一个很
合逻辑的结果,因为运动相应于量,时间相应于运动,它们都是有 25
量的、连续的和可分的。因为,运动所以是这样,由于量(大小)是
这样的,而时间所以是这样,由于运动是这样的。又,我们用运动
来计量量,也用量来计量运动,例如作了长途的跋涉,我们就说路途
是长的;如果路途是长的,我们就说作了长途的跋涉。时间和运动
之间的关系也如此,运动是怎样时间也是怎样,时间是怎样运动也 30
是怎样。

既然时间是运动和运动存在的尺度[①],而时间计量运动是通 221ª
过确定一个用以计量整个运动的运动来实现的,正如肘尺之计量
长度是通过将一肘长规定为一个计量全长用的单位实现的那样。
并且,运动之所谓"存在于时间里"就意味着,时间既计量运动本 5
身,也计量运动的存在,——因为它计量运动和计量运动的存在是
同时的,并且,运动之"存在于时间里"这正是意味着,它的存在是
以时间计量的——显然,其他事物的"存在于时间里"也是如此,即
由时间计量它们的存在。

---

① 或译为:"时间是运动和运动持续量的尺度"。

10     所谓"存在于时间里"有两种含义：(1)在时间存在着的时候存在着，或者(2)像我们说一些事物"存在于数里"那样。而后者又(a)意味着这些事物是数的部分或数的方式，一般地说，是"数的某某"；(b)或意味着这些事物有数。

15     既然(2)时间是数，那么(a)"现在"和"前"等等之在时间里，就像"单位"、"奇数"、"偶数"之在数里一样（因为后者是"数的某某"，前者是"时间的某某"），但是(b)事物存在于时间里是像存在于数里那样的，如果是这样的话，那么，事物被数所包括就像在空间里的事物被空间所包括那样①。

    也很显然，(1)"在时间存在着的时候存在着"并不等于"存在
20 于时间里"，就像当运动或空间存在着的时候存在，并不等于存在在运动里或空间里一样。因为，如果在某事物里就是这个意思的话，那么一切事物就可以在随便什么事物里了，宇宙也可以存在在一粒谷里了，因为当谷粒存在时宇宙也存在着。但是这个说法偶
25 然是合适的；反过来说是必然合适的：事物存在在时间里必然意味着，事物存在时相应的时间也存在；事物存在在运动里必然意味着，事物存在时相应的运动也存在。

    既然"在时间里"像"在数②里"一样，那么可以认为时间比一切在时间里的事物都长久。因此必然，在时间里的所有事物应被
30 时间所包括，就像其他"在某事物里的事物"也被某事物所包括，例

---

    ①  或译为："事件发生在时间里是像一个被数的事物存在于一个数里那样的。如果是这样的话，那么在时间里的事物被时间所包括是像在空间里的事物被空间所包括那样的。"

    ②  指可数的数或被数的数。

如,在空间里的事物被空间所包括一样。因此,事物也受到时间一
定的影响,正如我们惯常说"时间消磨着事物"以及"一切事物俱因
时间的迁移而变老了,由于时间的消逝而被淡忘了"等等。然而我　221b
们不说,随着时间的过去学会了什么,或变年轻了,或变美好了。
因为时间本身主要是一个破坏性的因素。它是运动的数,而运动
危害着事物的现状。因此显然,永恒的事物不存在于时间里,因为　5
它不被时间所包括,它们的存在也不是由时间计量的。可以证明
这一点的是:这种事物没有一个会受到时间的影响。这表明它们
不存在于时间里。

既然时间是运动的尺度,附带地它也应是静止的尺度。因为
一切静止都是在时间里的。在时间里的事物并不像在运动中的事
物那样必然在运动着,因为时间不是运动,而是运动的数;而静止　10
的事物也能存在在运动的数里。须知并不是所有不动的事物都能
被说成是"静止着"的,如前已说过的①,只有那些本性能运动而不
在实际运动着的事物才能说是"静止着"。"存在在数里"就是说事　15
物有一个数,就是说事物的存在由它所具有的数来计量。因此,如
果事物在时间里,它就由时间来计量。但是时间计量的是作为运
动着的事物和作为静止着的事物,因为时间计量的是这些事物的
一个数量的运动和静止。因此运动的事物仅仅作为是一个数量还　20
不能被时间计量,而要它的运动是一个数量才能被时间计量。因
此,凡没有运动和静止的事物都不在时间里,因为"在时间里"就是
指"被时间计量"和"时间是运动和静止的尺度"。

---

① 见202ᵃ4。

因此显然，凡不存在的事物也都不在时间里，不过这仅是指那

25 些不存在也根本不可能存在的事物，如对角线和边的通约性。一

般说来，如果时间作为运动的尺度是直接的，作为别的事物的尺度

是间接的，那么显然，被用时间来计量其存在的事物都是存在于静

止或运动中的。因此那些有灭亡和产生的事物，或一般说，那些一

30 个时候存在另一个时候不存在的事物，必然是在时间里的。因为

有一个超过这些事物的存在，也超过计量它们存在的时间的，更长

的时间存在着。被时间所包括的但不存在着的事物之中，有些是

222ᵃ 曾经存在过的（如曾经有过一个荷马），有些是将要存在的（如某一

将来的事件），根据它们被时间包括在当前运动的哪一边而定。如

果被包括在两边，那么它们就不仅曾经存在过，而且还将继续存在

下去；而那些无论怎样都不被时间包括的事物，就是过去、现在和

将来都不存在的事物。这后一类不存在的事物就是与永远存在着

5 的事物相反的。例如，对角线和边的不可通约性是永远存在的，因

而它不是在时间里的。因而对角线和边的可通约性也不在时间

里，因此它是永远不存在的，它是永远存在的事物的反面；而事物

的反面如果不是永远存在的，这样的事物就既能存在也能不存在，

或者说这些事物有生有灭。

# 第 十 三 节

222ᵃ10　　　如所说的，"现在"是时间的一个环节[①]，联结着过去的时间和

---

① 220ᵃ5。

将来的时间，它又是时间的一个限：将来时间的开始，过去时间的
终结。但这种情况不像固定不动的点的情况那样明显。它是潜在
地能分开时间。并且，作为这种分开时间的"现在"，是彼此不同
的，而作为起联结作用的"现在"，则是永远同一的。就像数学上运
动的点画出线的情况那样：从理性看来，点是永远不相同的（因为
在分割线的时候，各个分割处的点都是不同的），而作为一个画出
这条线的点，则始终是同一的。"现在"也如此：一方面它是时间的
一个潜能的分开者，一方面是两部分时间的限，是合一者。分开者
和合一者不仅在现实上同一，而且因为都是同时为两种限，所以是
同一的，但分开者和合一者在本质上是不同的。

因此，第一种"现在"的意思就如上述。第二种"现在"是指很
近的时间。例如"他现在就要来了"（这样说是因为他今天将要
来）："他现在已经来了"（这样说是因为他今天来了）。但是《伊里
亚特》中的事情不能说"现在已经发生了"，洪水泛滥的故事也不能
说"现在已经发生"，虽然"现在"的时间连接到那些事情的时间，但
它们不是很近的。

"某一个时候"是一种被确定为与第一种"现在"相关的时间。
例如"某一个时候特洛亚城被攻破"，以及"某一个时候要发洪水"。
这些时间都必须联系着现在来定限。从现在到那件事将有一段时
间，或从过去了的那件事到现在有过一段时间。

但是，如果没有一个不是"某一个时候"的时间，那么任何时间
都是确定了的。那么时间会消失吗？回答是：只要运动永远存在，
时间是一定不会消失的。那么时间是永远不同的呢还是同一个时
间在反复出现呢？显然，时间和运动的情况相同：如果运动在某个

时候是同一个在反复出现的话,那么时间也会是同一个在反复;如
222ᵇ 果运动不是这样,那么时间也不会是这样。既然"现在"是时间的
终点和起点,但不是同一时间的终点和起点,而是已过时间的终点
和将来时间的起点,那么就像圆的凸和凹①在某种意义上是同一
的,时间也这样,永远在开始和终结之中。也因为此,它显得总是
5 不同的,因为"现在"不是同一段时间的开始和终结,否则它将同时
而为同一事物的对立两面了。时间也不会消灭,因为它总是在开
始着。

　　"马上(刚才)"②是将来时间的一个和当前不可分的"现在"很
接近的那部分——"你何时去散步?"答曰"马上"。这样回答是因
10 为他准备做这件事的时间和现在的距离是很近的——以及一个过
去时间的距现在不远的那部分。"你何时散步的?""我刚才散步
的。"我们不说"伊里翁城③刚才被攻破了",因为这事离开现在太
久远了。还有"适才"也是过去时间中和当前的现在接近的部分,
"你何时散步的?"如果时间接近当前的现在的话,就回答"适才"。
15 "从前"是一距现在很远的过去时间的部分。"忽然"表示变化在一
短暂得不易觉察的时间里发生。

　　一切变化本质上都是脱离原来的状况。万物皆在时间里产生
和灭亡。也正因此,才有人说时间是"最智慧的",但毕达哥拉斯派

---

①　从圆内圆外不同的角度看圆弧线,有不同的感觉和判断。

②　希腊文ἤδη这个词多义,表示过去的时间译为"刚才",表示将来的时间译为
"马上"。其实第二种"现在"和"某一个时候"也都有表示过去的和表示将来的两种含
义。

③　即荷马史诗《伊里亚特》中的特洛亚城。

的潘朗说时间是"最愚笨的",因为万物皆被遗忘在时间之流里,他的说法是比较正确的①。的确,显然,时间本身与其说是产生的原因,倒不如说是灭亡的原因,已如前述。因为变化本身主要是脱离 20 原状,时间作为产生和存在的原因仅是偶然的。足以证明这一点的是:如果事物本身不被以某种方式推动而发生反应的话,是不会产生的,但事物即使完全不动也会灭亡。我们通常说事物被时间磨灭,主要就正是这个意思。但是尽管如此,磨灭事物的并不是时 25 间本身,而是与时间一起发生的变化。

那么,时间是存在的,时间是什么,以及,什么是"在某一个时候"、"适才"、"马上(刚才)"、"从前"和"忽然",都已经说过了。

# 第 十 四 节

我们这样地研究了这些问题之后,可以看得很明白:一切变化 222ᵇ30 和一切运动事物皆在时间里。因为,快和慢是包括一切变化的,在所有的变化里都可以看到有快慢。我们说的一个运动比另一个运动快,意思就是说,以匀速运动通过同一距离时,一个变化比另一 223ᵃ 个变化先达到预定的状态,例如在位移方面,两事物皆沿着圆周线运动或皆沿着直线运动时有这种情况,在别种变化里也有这种情况。但是"先"是在时间里的。因为我们说"先"和"后",就是说该 5 事物达到预定状态的时间和"现在"之间有一段距离,而"现在"是

---

① 关于潘朗的情况,我们现在一无所知。米利都学派的泰勒斯说过:"最智慧的是时间,因为它发现一切。"(见拉尔修:《名哲言行录》35)亚里士多德同意潘朗的说法是由于他认为"时间主要是破坏性的因素"。

过去和将来之间的限，因此，既然"现在"是在时间里的，那么"先"
和"后"也是在时间里的，因为"现在"在什么里，和"现在"之间的距
10　离也就应在什么里。(但是"先"在过去的时间里和在将来的时间
里用法相反：在过去的时间里，我们把离"现在"较远的叫做"先"，
把离"现在"较近的叫做"后"；而在将来的时间里，我们则把离"现
在"较近的叫做"先"，把离"现在"较远的叫做"后"。)因此，既然
15　"先"在时间里，而一切运动都有"先"，那么显然，一切变化和一切
运动都是发生在时间里的。

　　时间是如何和意识发生关系的呢？以及，时间为什么被认为
存在于陆地上、海洋里和天空里的一切事物呢？这些都是值得研
究的问题。至于说到后一问题，那是因为时间作为运动的数，它是
20　运动的性质或状况，而所有这些地方的事物都能运动(因为它们都
在空间里)，时间和运动无论在潜能上还是现实上都是同在的。

　　可能有人要问：如果意识不存在，时间是否存在呢？所以会产
生这个问题是因为，如果没有计数者，也就不能有任何事物的被
数，因此显然不能有任何数，因为数是已经被数者或能被数者。如
25　果除了意识或意识的理性而外没有别的事物能实行计数的行动，
那么，如果没有意识的话，也就不可能有时间，而只有作为时间存
在基础的运动存在了(我们想象运动是能脱离意识而存在的)。但
运动是有前和后的，而前和后作为可数的事物就是时间。

30　　也可能有人要问：时间是哪一种运动的数？是任何种运动的
数吗？——因为产生、灭亡和生长都是在时间里的，性质变化和位
置移动也是在时间里的。既然这些变化都作为运动，时间就必然
223ᵇ　是一切这类运动的数。因此，时间就一般地为连续性运动的数，而

不只是某一特殊运动的数。

但是在一种运动进行中的"现在",可能还有别的运动存在(其中每一个运动都有数)。它们的时间是不同的呢,还是同时有两个同样的时间呢? 不是的。同样并同时的时间就是同一个,甚至不同时的时间也是同一种的:比如有一些狗,还有一些马,各为七只,其数是同一的。被同时定限的诸运动的时间也是同一的,运动尽可以有的快有的慢,一个是位移另一个是性质变化;只要两个运动的数是相同的和同时的,它们的时间就是同一的。也因此,尽管运动是不同的和分离的,在任何地方,它们的时间是同一的,因为相等的和同时的数在任何地方都是同一的。

既然有位移和包括在位移中的循环运动,又,既然一切事物皆用与之同类的某一个事物计量,单子用一个单子计量,马用一匹马计量,同样,时间也用某一定的时间来计量;又,如我们已说过的,时间以运动计量,运动也以时间计量——其所以如此,那是因为运动的量和时间的量都是以靠时间确定的运动来计量的——那么,如果一个基本事物是与之同类的所有事物的计量单位的话,整齐划一的循环运动最适于作为单位,因为它的数最容易为人所认识。

性质变化、增长和产生都不整齐划一,只有位移能够划一。也正因此,才有人认为时间是天球的运动[1],因为别的运动皆由这个运动计量,时间也由这个运动计量之故。也因为此,产生了一个惯常的说法,即人们常说的:人类的事情以及一切其他具有自然运动和生灭过程的事物的现象都是一个循环。这是因为所有这一切都

---

[1] 218$^a$34。

是在时间里被识别的,并且都有它们的终结和开始,仿佛在周期地
进行着,因为时间本身也被认为是一种循环。而这又是因为时
间计量这种位移,时间本身又被这种位移计量之故。因此把事
物的产生说成是一个循环,就等于说时间有循环,而所以说时间
有循环则是因为它是被循环运动计量的,因为除了计量单位而
外,没有别的东西能看出被计量的事物,而整体事物就是许多个
计量单位。

〔如果绵羊的数和狗的数是相等的,那么这两个数是同一
的。这个说法是正确的。但“十只绵羊”和“十只狗”是不同的,
正如等边三角形和不等边三角形不是同一三角形一样,虽然形
状是相同的,都是三角形。因为,如果事物不因彼此间的差异而
相互分别开来,它们就会被说成是同一的;如果分别开来,就不
被说成是同一的。例如,因为三角形的差异,三角形相互区别开
来——是不同的三角形——但作为形状,它们不区别开来,而是
在同一类里。所谓形状,是指圆和三角形;而三角形中有等边的
有不等边的。因此,形状是相同的,都是三角形,但不是同一种
三角形。动物的数目也是相同的,因为它们的数没有分别;但
“十个事物”是不同的,因为所说到的事物有分别:一是狗一是
马。〕①

关于时间本身,它的性质,以及和它有关的问题,都讨论过了。

---

① 这段文字没有价值。在特密斯迭乌(四世纪?)的本子据说没有这段文字。

# 第　五　章

## 第　一　节

一切变化的事物共分下列几种：(1)因偶性的变化者，例如我们说"'有教养的'在走路"，事实上是，具有教养这种偶性的人在走路；(2)变化事物因自己的某部分在变化，而被粗略地说成它在变化的，凡整体因自己的部分在变化而被说成它在变化的事物皆属25此类，例如身体之因有病的眼睛或有病的肺(也就是说整个身体的部分)的被治愈而被说成恢复了健康；还有一种事物(3)，它的运动既不是因偶性的，也不是因属于它的某一事物在运动，而是自身直接在运动的。也就是说，这是一种本性能运动的事物。这类事物30又因运动的多样性而有所差异，如，能有性质变化的事物，它又可以有能被治愈的和能被加热的等分别。

就推动者而言也有同样的区别：一种是因偶性的推动者，一种是因部分(即因它自己的某某)在推动而被说成在推动的，再一种是直接自身推动的，如医生治疗，手敲打。

运动有直接推动者，有运动者[1]，又有运动所经的时间，此外

---

① 即：被推动者。

224ᵇ 还有运动所由出发者和运动所趋向者（因为任何运动都是由一出
发点到一终点的；须知直接在运动着的事物和它的运动所趋向者
和它的运动所从出发者，这三者是有分别的，例如木头、热和冷，这
三者中，木头是运动着的事物，热是运动所趋向者，冷是运动所从
5 出发者）。既然如此，运动从属的主体显然是木头，而不是它的形
式，因为形式或空间或量都是既不能推动也不能运动的。于是运
动有推动者、运动者和运动所趋向者。（我们讲运动所趋向者而不
提运动所从出发者，因为变化是根据前者而不是根据后者定名的；
10 也正是因为这个缘故，所以趋向不存在的变化叫做灭亡——虽然
灭亡的事物的变化是从它的存在出发的——趋向存在的变化叫做
产生，虽然这种变化是从它的不存在出发的。）什么是运动，这一点
前已说过了，这里再补充一点：运动事物所趋向的形式、影响或空
间都是不运动的，譬如知识和热。（或许还会有人要问："影响是
15 不是运动呢？可是白是一种影响①，如果影响是运动的话，那么
就会有趋向运动的变化了。"或许应该说，白不是运动，变白才是
运动。）

运动的不动的终结也有这种分别：因偶性的；因部分的，或者
说，因某些别的事物的；直接的，或者说，不是因别的事物的。例如
20 说一个变白的事物变成被思想的对象，这是因偶性的（因为颜色对
"被思想"说，是一种偶性）；它变成有颜色的，是因为白是颜色的部
分，一如说某人到了欧洲是因为雅典是欧洲的部分；而它颜色变成

---

① 这个问题完全是由于"影响"（παθος）这个希腊词有两种含义引起的。作者既
把这个词当作变化的结果所造成的"状况"（如"白"），有时也把它当作"受影响的过
程"（如"变白"）。

白的则是因它的本性。

到此,这就说明了,什么是事物因本性的运动,什么是因偶性的运动,什么是因别的某事物的运动,以及,"自身直接"如何既用于推动者又用于运动者。还说明了,运动所属的主体不是形式而是运动着的事物,也就是说,是能实现运动的事物。

这里我们且不去讨论因偶性的变化,因为它是任何主体,在任何时间,在任何范畴里都可能有的。非因偶性的变化则不是任何事物都能有的,这种变化只存在于有对立关系的(或对立两者之"间介")和有矛盾关系的事物。这可以用归纳法得到证明。变化可以由间介出发,因为间介可以被用来和对立两方的任何一方对立,而间介也可以是某种意义上的限点。因此间介和对立两方之一的关系也可以说是某种意义上的对立。例如,中音对高音而言可说是低音,中音对低音而言可说是高音,灰色比起黑色来可说是浅色,而比起白色来可说是深色。

既然一切变化都由一事物变为另一事物("变化"μεταβολή这个词就表明了这个意义:在某一事物之后(μετα)出现某另一事物,也就是说,先有一事物,后又有一事物),那么变化事物的变化有下列四种可能方式:或(1)由是到是,或(2)由是到否,或(3)由否到是,或(4)由否到否。(我这里所说的"是"代表以肯定判断表示的事物。)因此必然,上述这四种方式只有三种能成立:由是到是、由是到否和由否到是。由否到否不算变化,因为这里不存在反对关系:既没有对立,也没有矛盾。

由否到是这种矛盾的变化是产生,绝对的这种变化是绝对产

15　生,特定的这种变化是特定的产生,例如,由非白的东西到白的东
西的变化就是白的东西的产生,由绝对的不存在到存在则是绝对
的产生,所谓绝对产生我们是说的一事物的诞生,而不是说它变为
这种或那种特定的事物。由是到否的变化是灭亡,由存在到绝对
不存在的变化是绝对的灭亡,变到对立之否定一方的变化是特定
20　的灭亡,这种区别正如产生的情况是一样的。

　　"否"这个词有多义,又,如果"否"——不论它是指的谬误(无
论用的是肯定的还是否定的表述法),还是指的与现实的绝对存在
对立的潜能的存在的"否"——都不能有运动(当然"非白的"或"非
25　善的"还可以有因偶性的运动,例如非白的东西可能是人,但是绝
对的"否"就无论如何也不能有运动了),那么"否"不能有运动。既
然这样,产生就不能是运动,因为"否"有产生(因为尽管"'否'只能
有因偶性的产生"这说法非常正确,但"'否'①是绝对产生事物的
固有属性"这个说法也一样地正确)。同样,"否"也不能静止。要
30　说"否"能运动就有这些困难。其次,一切运动事物都占有空间,而
"否"不占有空间,否则它就能"在某处"了。灭亡也不能是运动,因
为和运动对立的是另一运动或静止,而和灭亡对立的是产生。

　　既然凡运动都是变化,又,变化只有上述三种,而其中产生与
225b　灭亡两种不是运动(它们是矛盾的事物),那么,必然只有由是到是
的变化才是运动。两个"是"或为对立或为间介(缺失也能被作为
对立之一方,并且也能以肯定判断表达——"裸体的"、"裸龈的"和

---

① 前一说法中的"否"指"缺失",后一说法中的"否"指"不存在"。

"黑的"①)。 ⁵

　　既然范畴分为:实体、质、处所(空间)、时间、关系、量、行动和
遭受,那么必然运动有三类——质方面的运动、量方面的运动和空
间方面的运动。

# 第　二　节

　　实体没有运动,因为没有任何与实体对立的存在。 225ᵇ10

　　关系也没有运动;不过,当相关的一方发生变化时,其另一方
本身虽没有变化,但却不能与之相适应了,因此关系有偶然的
变化。

　　也没有行动和遭受的运动,一切的主动和被动都没有运动,因
为既不能有运动的运动,也不能有产生的产生,一般地说,不能有 ¹⁵
变化的变化。

　　(1)首先,运动的运动可以有两种理解:(a)作为主体的运动,
像一个人在运动那样(如他由白变黑),因此,运动也作为一个主体
那样地或变热或变冷或改变空间或增大或减小——但这是不可能 ²⁰
的,因为变化不可能作主体。(b)靠了别的某一主体(不是运动本
身)从一种变化过程向另一种变化过程转变,例如一个人在生病之
后接着再由疾病向健康变化而发生了变化的变化。但这如果不是
因偶性的话是不可能的。因为不论主体是什么,这个运动是由一
个形式到另一个形式的变化。(产生和灭亡也是这样,虽然有一点 ²⁵

---

　　①　代替"无衣的"、"无齿的"和"无白的"的表达法。

不同:产生和灭亡是直接矛盾的,运动则否。)所以,如果有运动的
运动,那么,人在由健康向疾病变化的同时也在由这个变化向另一
变化转变。于是可见,当一个人已经病了时,他可以转变为与另一
个变化有关的某种东西,(因为他也能静止,虽然在逻辑上是可能
的,却为这个理论所排除。)而且,所转入的第二个过程永远不会是
一个偶然的过程,而是由一定的东西转变为另一个一定的东西,因
30 此这第二个过程也包括一个与之反对的变化,即恢复健康的过程。
但是他在自身变化的同时偶然地使一个变化转变为了另一个变
化,例如,因为变化过程所属的主体一个时候在变向"知识"另一个
时候在变向"不知"而发生了由"忆起"向"遗忘"的变化。

　　(2)其次,如果能有变化的变化和产生的产生,那么这个系列
就能无限地上推。如果后一变化是前一变化的结果,那么前一变
化必然也是更前一变化的结果,例如,假设一个最后的产生在某个
226ᵃ 时候正在产生过程中,产生它的那个产生自身也是正在产生过程
中,因此,至此还不曾得到那个最后的产生,而只是得到了那个已
经在产生着它的产生;再说,倒数第二个产生在某个时候也正在产
生过程中,因此也还不曾得到倒数第二个产生。既然无限系列中
5 没有任何一个环节第一,因此也就没有任何一个环节顺接着它。
所以在无限系列中没有一个环节能够产生、运动或变化。

　　(3)再次,任何运动的主体也会是与之对立的运动(还有静止)
的主体,产生的主体也会是灭亡的主体,因此产生就在自己产生过
程中灭亡着。但是它既不能在自己的产生一开始就灭亡,也不能

在自己产生了以后灭亡,因为灭亡中的事物必须正存在着①。

(4)再次,必须有一质料作为产生和变化的基础。那么这质料是什么呢? 正如变化中的基础或为身体或为灵魂那样,变成运动或产生的是什么呢? 再者,运动所趋向的目的是什么呢? 因为运动或产生必须有"主体"、"所由"和"所向"。但运动本身或产生本身怎能同时为这三者呢? 学习的目的不会是学习。所以也不会有产生的产生,也不会有别的任何种变化的变化。

(5)再次,如果运动只有三种,那么,作为质料基础的那个运动和作为变化终结的那个运动必然都是这三种运动之一,例如,位移会发生质变或发生位置的移动等等。

结论:既然一切运动事物的运动不外:或因偶性或因部分或因自身,"变化"(作为主体的)仅能偶然地进行变化,例如一个正在恢复健康的人在奔跑或学习;而偶然的变化我们老早以前就已声明把它撇开不谈的。

既然实体、关系、行动和遭受都不能有运动,那么剩下来就只有在质、量和空间方面有运动了,因为这三者都有一对对立。质方面的运动就让它叫做"质变"吧,因为这被用一个共同的名称包括

---

① "产生的产生"是不可能的。因为"产生"在自己产生过程一开始时还不存在,谈不上灭亡;至于说在自己产生了之后——在自己产生过程完成的时候以及更后的时间里,也不行。它不能在自己产生过程完成时灭亡,因为这时它是正在诞生;也不能在更后的时间里灭亡,因为产生不是那种在诞生之后存在着的时候逐渐灭亡的东西,而是以诞生时刻为结束的。剩下来就只有在它已开始处在产生过程中的时候,但这时它正在产生,也不能是在灭亡过程中。

了对立。而我所说的质不是指的实体中的质（因为种差也是一种质）①，而是指的受影响的质，即事物因之而被说"受影响"或"不能受影响"的那种质。量方面的运动没有共同名称，一个叫做"增"，

30 一个叫做"减"——趋向完满之量的运动叫做"增"，从完满之量出发的相反的运动叫做"减"。空间方面的运动既没有共同的名称也没有各别的名称。但是就让所谓的"位移"来作为共同的名称吧，虽然严格地说，位移这个希腊词只适用于那些在变换自己的空间

35 时自己没有能力停止下来的事物，以及适用于那些不是自己把自

226b 己从一个地方推到另一个地方的事物。

　　在同一种性质内趋向较大程度或趋向较小程度的变化也是质变②。因为从对立之一方趋向对立之另一方的运动可以是充分的可以是不充分的：趋向某性质之较小程度的运动将被叫做趋向该性质的对立方面的变化，趋向某性质之较大程度的运动将被叫做

5 从其对立方面趋向该性质自身的变化。因为不充分的变化和充分的变化没有什么分别，只不过不充分的变化里对立双方的相互对立是部分性的罢了；而程度的差异意味着其对立方面占的比例多或少，或者缺得多或少。

10 　　由此可见，运动仅有这三种。

　　"不能动的"事物有：（1）完全不可能有运动的（就像声音是"看

---

① 即一种构成实体差异的质。如在圆的定义"圆是一个没有角的图形"中，"没有角"就是这种质。（《形而上学》1020ᵃ33）事物不能脱离这种质，否则就不再是该事物了。

② "质变"这个术语除了例如"从白到黑"和"从黑到白"这些变化而外，还包括"从白（即白占优势）到更白"或"从白到不够白"这些变化。"从白到不够白"的变化可以说成是趋向其对立面——"黑"——的变化，而"从白到更白"可以被说成是从其对立面——"黑"——趋向"白"的变化。

不见的"那样)，(2)在长时间内极不容易被移动的，或者说，其运动
是不易开始的(即动作迟钝的)，(3)虽然在一定的时间、地点、方
式、条件下本来应该能运动但没有运动的。我所说的"静止的"事
物只是指的这最后一种不能动的事物，因为静是和动对立的，因此 15
静止应是能有运动的事物的运动的缺失。

据上所述可以明白了：什么是运动，什么是静止，变化有多少
种，运动有多少种。

# 第　三　节

让我们接下来说明，什么是"在一起"和"分离"，什么是"接 226ᵇ19
触"，什么是"间介"，什么是"顺联"，什么是"顺接"和"连续"，以及 20
这些术语各自自然地适用于什么样的事物。

事物在同一个空间里，它们就被说成是空间上"在一起"，在不
同的空间里，它们就被说成是"分离"着。

事物之外限在一起，它们就是"接触"着。

(既然一切变化都存在于互相反对的双方之间，反对又分为 227ᵃ7
对立和矛盾，矛盾双方之间无物，所以显然，间介只能存在于对 226ᵇ24
立双方之间。)①任何本性有连续变化的事物，在它到达终极目的
之前所自然达到的阶段是谓"间介"。所谓"间介"，意味着至少

---

①　在特密斯迭乌的本子里，这个句子放在这里。手抄本里这句话放在 227ᵃ7
"它就是顺接着别的事物"这句话之后是显然不恰当的。勃朗脱尔主张把它放在
226ᵇ32"……都是一目了然的"之后。

25 有三个方面并存，因为上述定义中的"终极"是变化中的对立
者①；如果事物的运动过程里没有中断或者只有最小的中断，那
么该事物就是在"连续地"运动着——我所说的中断不是指的时
30 间上的中断（时间上的中断并不妨碍连续，相反，在低音之后可
以直接发出高音），而是指的运动内容的中断②。这一点不论是在
空间变化里还是在别的变化里都是一目了然的。而"对立者"这个
术语用在空间方面是指直线上的距离最远者。这里所以选用直线
是因为两点之间的最短的线是有定限的，而尺度必须是有定限的。

35        一个事物"顺联"着别的事物，一定要它依照或由位置或由形
227ᵃ 式或由别的什么所确定的次序处于起点之后，并且要没有任何同
类的事物夹在它和它所顺联的事物之间（我们指的是，例如，必须
没有另一线段或另一些线段夹在某线段和它所顺联的那线段之
间，或以单子为例，或以房屋为例，皆如此；但没有什么妨碍不同类
的事物夹在其间）。顺联的事物必然联于某一另外的事物，并且自
5 身是一个"在后的"事物，例如"一"不能顺联于"二"，在一个月里
"初一"不能顺联于"初二"，应该反过来，"二"顺联于"一"，"初二"
顺联于"初一"。

        事物顺联着，而又接触着别的事物，它就是"顺接"着别的
事物。

10        "连续"是顺接的一种。当事物赖以相互接触的外限变为同一

----

①  就是说：在变化中除了"间介"之外还有"终极"和"起点"。
②  例如一个人由甲地到乙地去，虽然中途在某地过了一夜，他还是"连续地"走过
全程，因为线路没有中断。相反，低音之后直接发出高音的例子说明，在时间上虽然没
有中断，在音阶上却构成了最大限度的中断。

个,或者说(正如这个词本身所表明的)互相包容在一起时①,我就
说这些事物是连续的;如果外限是两个,连续是不可能存在的。作
了上述这个定义之后可以明白,连续的事物是一些靠了相互接触          15
而自然地形成一体的事物。并且总是:互相包容者以什么方法变
为一体,其总体也以这同一方法变为一体。这种方法如铆合、胶
合、接触或有机统一。

也很显然,顺联在先,因为接触的事物必然是顺联的,而顺联
的事物并不全都相互接触(因此顺联存在于比较概括抽象的事物          20
里,如在数里,而接触则否)。又,如果有连续,就必然会有接触。
但,有接触还不是连续,因为它们的外限即使在一起,也不必然是
一个,反之,如果是一个,必然是在一起。因此,在产生中自然"接
合"是最后的,因为,如果外限要接合,就必然有接触,而接触的事          25
物并不全都有接合,反过来说,没有接触的事物显然也就没有接
合。

因此,即使有(如某些人所说的那种)分离存在着的点和单位,
单位和点也不可能相同②,因为点与点能互相接触③,而单位与单          30
位仅能互相顺联。而且在点与点之间可以有某一事物(任何一条
线都是在两点之间),而在单位与单位之间并不必然有什么事物,
例如在数"一"与"二"之间就什么也没有。

---

① συνεχέζ(连续的)和动词 συνέχω 的中动态(互相包容在一起)是同根词,从希腊
词词形看来是非常清楚的。
② 毕达哥拉斯派学者把数所由组成的单位和点等同。
③ 按亚里士多德本人的观点,点和点是不能接触的。这里所说的点是指毕达哥
拉斯的点(有量,在空间里有位置)。

227b 那么,什么是"在一起"和"分离",什么是"接触",什么是"间介"和"顺联",什么是"顺接"和"连续",以及,其中每一个适用于什么样的事物,全都谈到了。

# 第 四 节

227b3 所谓"一个运动"这句话有几种含义,因为我们这里所说的"一个"有几种不同的含义。

227b5 (1)属于同一范畴的运动在"类"上是一个,如所有的位移是一类,质变和位移则不是一类。

(2)当运动不但属于一"类"而且还属于不可分的一"种"时,它就在"种"上是一个。例如颜色有各种的变化,因此变黑和变白在种上不同;但是所有的变白在种上是同一的,所有的变黑亦然。变

10 白不能再分了,因此所有的变白在种上是一个。假如运动碰巧是"类"同时又是"种",那么显然,在这种场合下该运动将是在某种意义上的在种上是一个,而不是无条件的在种上是一个,例如在学习中,知识是认识的一个种,但它又是各种知识的一个类。

15 可能有人会问:如果同一主体从同一起点向同一终点变化(如一个点由这个地方向那个地方一再反复地活动),这样的运动是否是在种上的一个呢? 如果是的,那么圆周运动和直线运动,滚行和步行就都会在种上同一了。已经确定了的公理是:如果运动的具

20 体内容在种上不同,如这里的圆周和直线在种上不同,那么运动本身也就在种上不同。

那么运动在类上和在种上是一个的问题就如上述。

(3)但是,运动要在实体上和数目上是一个才是无条件的一个。作了下面的分析以后就可以明白这种运动是什么样的了。须知我们论述这个问题牵涉到的方面有三——"主体"、"运动内容"和"时间"。我这是说,运动必须有某一运动着的事物,例如人或金①;其次,这事物的运动必须着落在一定的范畴里,例如着落在空间里,或如着落在性质里;还有运动所经的时间,因为万物皆在时间里运动。这三者中,运动的具体内容决定了运动在类上或种上是一个,时间决定了运动的连续性;所有这三者共同决定了运动是无条件的一个。因为,运动是无条件的一个,必须:运动的内容是一个,是不能再分的(因为是种);运动所经的(时间)是一个,并且是没有间断的;运动者是一个——不是在因偶性意义上的"一个"(正如"白的"在变黑,卡里斯科在行走,卡里斯科和"白的"可以是一个人,但这是因偶性的一个),也不是在"几个主体同作一样的事"的意义上的一个(因为可能有这样的情况:两个人同时被治同一种病,例如眼炎,但这里运动不是真正的一个,只在种上是一个)。

但是,例如说苏格拉底曾经经历过一种质变,此后又一再地经历这个在种上同一的质变。如果说已经消失了的东西能再产生,并且在数上还是同一个的话,苏格拉底身上的质变就可以是一个了,如果说已经消失了又再产生的东西在数上不是一个,那么苏格拉底身上的质变就只是"相同"而不是"一个"。

有一个与此类似的问题:身体里的健康,或一般说,状况或影

---

① 特密斯迭乌 175,6:"例如人或星辰"。

10　响——既然包含着它们的那个身体是明明白白地在运动着和变迁
着的——在实体上是不是一个呢？如果说黎明时的健康和此刻的
健康是相同的一个，那么，一个人在失去健康之后恢复了健康时，
前一健康和后一健康为什么就不应该是数上的一个呢？理由是相
同的。但还是有以下的区别：(a)如果这同一主体能够因在不同的
时刻而为数上的两个的话，那么其状况也必然在数上是两个(因为
15　数上是一个的主体，其"实现"在数上是一个)①；(b)如果状况是一
个，这还不能被认为足以说明实现也是一个，因为，当一个人停止
行走时，"行走"就不再存在了，但是当他再走起来时，"行走"将再
次出现②。(c)假定上述的健康是相同的一个的话，那么同一个事
物就能多次地消失又产生了③。不过，这些问题不在我们现在的

---

①　我们的身体是这个能容受健康(或疾病)状况(ἕξεις)的主体(ὑποκείμενον)，任
何这种在某一时刻实现了的"状况"，从主体的能力的角度来说，它就是一个"实现"
(ἐνέργεια)。所谓"实现"，这里特别指的"实现了的状况"，虽然实现这个词也含有"为实
现这种状况而进行的活动"之意。

　　这个论证的意思是：假如我们接受了赫拉克利特的"流动"说(事物永不停息地运
动着和变迁着)，我们的身体随着时间的迁移变成另一个事物，那么当然它们的实际状
况，如健康(无论是作为连续的还是有间断的)，也必然因时间不同而不是一个。一个
主体变成不是一个主体时，必然连带着使它的能力、状况、影响、活动等也变得在数上
不是一个了。

②　这里撇开"流动"说，亚里士多德用自己的"潜能和现实"的体系来论证：具有潜
能和状况的主体能够经过一段时间之后还是同一主体，而它的潜能和状况能够(如"行
走"的例子所说明的)经过间断之后有数上不止一个的现实。因此我们可以说，我们的
健康状况(作为健康潜能的实现)能够持续保存下来，或作为从早晨到现在连续的同一
个现实，或作为因被疾病打断以至数上不是一个的一系列的现实；恰如行走这一个能
力可以有许多个(被"不走"隔开的)实现活动一样。

③　即使不采用(b)论证法，还可以用上面228ᵃ5处所提出的论证法来论证：假如
是相同的一个的话，那么相同的一个东西就能存在、消失，又再产生了。

讨论范围之内。 20

既然任何运动都是连续的,那么无条件是一个的运动必然也是连续的(虽然任何运动都是可分的),并且,如果是连续的运动,也必然是一个。因为,不是任何一个运动都能和任何一个另外的运动相连续的,正如绝不可能在任何两个偶然事物之间有连续性,只有那些其外限是同一的事物之间才能有连续性一样。有些事物 25 没有外限,有些事物的外限不同"种"(虽然有同一名称——限),例如,线的限和行走的限怎能相互接触或变为一个呢?的确,无论在"种"上还是在"类"上都不同的运动可以互相顺接,例如一个人可能在奔跑了之后接着立该得了热病,又如火炬接力赛跑是顺接位移不是连续位移,因为只有在两事物的限合而为一时事物才能是连续的。所以运动能够是顺接的或顺联的,是因为时间是连续的, 30 但运动的连续性要求运动自身是连续的,也就是说,两运动的外限 228b 必须是同一的。因此无条件连续的并且是一个的运动必然在"种"上是同一个,属于一个主体,在一个时间里,——在时间方面没有中途的停顿,因为运动中断就必然是静止。中途有静止的运动是 5 两个(或更多)而不是一个,因此,如果有某运动被静止所打断,它就不是一个,也不连续;如果时间有中断,运动就这样地被打断。虽然运动在"种"上不是一个,如果时间没有中断的话,那么,时间是一个,而运动在"种"上不同。要是运动是一个,必须在"种"上也是一个,虽然在"种"上是一个的运动,并不必然是无条件的一个。 10现在,运动怎样才算是无条件的一个,已经说明了。

(4)其次,如果运动是完成的,它被说成是在"类"上或"种"上或实体上是一个,正如在别的方面,"完成"和"完整"是"一"所固有

的特性一样。但是有时运动即使还是未完成的,只要它是连续的,
15　也被叫做"一"。

　　(5)除了上述几点以外还要指出:匀整划一的运动也被说成是
一个。因为匀整划一的运动和不匀整划一的运动比较起来,一般
总是宁可把匀整划一的看作为一个,如直线运动是匀整划一的,而
不匀整的运动是有内部差异的。但匀整的和不匀整的分别似乎只
是同一个"种"内的程度上的不同。在每一种运动内都有匀整的和
20　不匀整的之别。可以匀整地发生质变,也可以在匀整的线路上位
移(如在圆周上或直线上),增和减也是一样。构成运动不匀整性
的差异有时反映在运动所经的线路上——因为,如果运动的线路
不是一个匀整的量,运动也不可能是匀整的,如折线运动或螺线运
25　动或其他量(它的任意两部分是不相合的)的运动——有时这种差
异既不是在空间里,也不是在时间里,也不是在目的里,而是在运
动的方式里,例如运动有时是凭快慢来分别的:速度相同的运动就
是匀整的,速度不同就是不匀整的。因此快和慢不是运动的"种",
30　也不构成运动的种差,因为快和慢是所有千差万别的运动都具有
的。在同一事物上引起运动的重与轻(如一块土比另一块土重或
一团火比另一团火轻)也不构成种差。于是,不匀整的运动凭连续
229ᵃ　而为一个,但这是较小程度上的一个,折线位移可以作为此例,程
度较小的事物总是意味着其对立者的掺入;又,既然任何"是一个"
的运动既能是匀整的又能是不匀整的,那么,互相顺接的却不是
"种"上同一的运动就不会是一个,也不会是连续的,例如由质变和
位移组合起来的运动怎能是匀整的呢? 因为否则,质变和位移就
可以相合而为一了。

# 第 五 节

我们还必须确定什么样的运动和什么样的运动对立,以及,同 229ª7
样地来确定有关"停留"的问题。

首先,我们必须分析:(1)从一事物出发的运动是否与趋向这
同一事物的运动对立呢(例如从健康出发的运动和趋向健康的运 10
动)? 这两运动间的关系是有点像产生和灭亡之间的关系的①。
或者(2)从对立两事物出发的两个运动(如从健康出发的运动和从
疾病出发的运动)是否对立? 或者(3)趋向对立两事物的两运动
(如趋向健康的运动和趋向疾病的运动)是否对立? 或者(4)从对
立之一方出发的运动和趋向对立之另一方的运动(如从健康出发
的运动和趋向疾病的运动)是否对立? 或者(5)从对立之一方趋向
另一方的运动和与之方向相反的运动(如从健康趋向疾病的运动
和从疾病趋向健康的运动)是否对立呢? 须知两运动对立必然为 15
上述情况中之某一种或某几种,因为此外再没有两相反对的情
况了。

现在来说(4)从对立之一方出发的运动和趋向对立之另一方
的运动不对立(如从健康出发的运动与趋向疾病的运动不对立),
它们是同一运动,虽然它们在概念上不同,宛如从健康出发的变化 20
活动和趋向疾病的变化活动不同似的。(2)从对立之一方出发的
运动和从对立之另一方出发的运动也不能算是对立,因为,运动从

---

① 在 229ᵇ10 再回头讲这第(1)种情况。在那里可以明白,这是变化,不是运动。

对立之一方出发也就同时在趋向对立之另一方(或趋向间介,但是关于这一点我们以后再谈),而趋向对立之一方的变化比起从对立之一方出发的变化来似乎更应该是对立运动的起因。因为后者意
25 味着对立的消失,前者意味着对立的获得;而且每一个变化的定名主要是根据变化所趋向的终结,而不是根据变化所从出发的起点,例如把趋向健康的运动叫做康复,把趋向疾病的运动叫做生病。

剩下有待讨论的还有(3)趋向对立两事物的两运动,以及(5)从对立之一方趋向另一方的运动和与之方向相反的运动。趋向对立之一方的运动和从对立之另一方出发的运动也许是合一的,虽然也许在概念上不同(我说的是,例如趋向健康的运动不同于从疾
30 病出发的运动,以及,从健康出发的运动不同于趋向疾病的运动)①。又,既然变化和运动有区别(因为运动是从某一肯定事物
229b 趋向另一肯定事物的变化),所以从对立之这一方到那一方的运动和从那一方到这一方的运动是互相对立的两运动(例如从健康到疾病的运动和从疾病到健康的运动相对立)。用归纳法也可以看出,什么样的两运动被认为是对立的。例如,生病和康复是对立
5 的,受教于人和被人愚弄也是对立的(因趋向的目的是对立的,因为,恰如知识的获得那样,错误的发生也既可以由于自己,也可以由于别人),向上的位移和向下的位移也是对立的(它们在长的方面对立),向右的位移和向左的位移也是对立的(它们在宽的方面
10 对立),向前的运动和向后的运动也是对立的。另外,如果仅有所

----

①　就是说,如果撇开了微不足道的概念上的差别不谈,(3)就可以并入(5),只要讨论(5)就行了。

趋向的一方,那就不是运动而是变化,例如变白(不谈起点)。并且,在凡没有对立者的场合下,由一事物出发的变化和趋向这同一事物的变化是对立的,因此产生和灭亡对立,得和失对立,但这里互相对立的是两个变化而不是两个运动。

在凡是对立两方之间有间介的情况下,必须把趋向间介的运动看作为是某种意义上的趋向对立方面的运动。因为,运动无论是从间介到对立两方之一还是从对立两方之一到间介,都是把间介当作对立之一方,例如在由灰的趋向白的运动中"由灰的"被当作"由黑的",以及,在由白的向灰的的运动中"向灰的"作为"向黑的",而在由黑的向灰的运动中"向灰的"被当作"向白的",因为,如前已说过的,所谓间介,意思就是说,它在某种意义上和两极限分别地相对立。

因此,如果一个运动是从对立之这一方趋向那一方,另一运动是从那一方趋向这一方,那么这两个运动是对立的。

# 第　六　节

既然可以看到,对立不仅存在于运动和运动之间,而且还存在于运动和静止之间,所以也必须来研究这后一个问题。须知,一方面有运动和运动之间在严格意义上的对立,另一方面还有运动和静止的相反[①](因为,静止是运动的缺失,而缺失可以被说成是对

---

①　亚里士多德认为有几种"对立",互相反对者和缺失都是其中的一种,参看《范畴篇》第十章。

立之一方),一种运动和这一种的静止相反,例如空间方面的运动和空间方面的静止相反。

但是这个问题现在要说得严密些:和"停留在这里"相反的是"从这里出发的运动"呢还是"趋向这里的运动"呢? 的确很明显,既然运动总是发生在两个肯定事物甲和乙之间,那么,从甲趋向其对立者乙的运动对立于在甲处的停留,而从乙趋向甲的运动对立于在乙处的停留。

同时,这两个停留也是互相对立的。认为只有两个运动的互相对立而没有两个静止的互相反对的想法也是错误的:在对立的双方的静止是互相对立的,例如在健康中的静止与在疾病中的静止相对立。在健康中的静止对立于从健康趋向疾病的运动,因为,说它对立于从疾病趋向健康的运动那是不正确的(因为趋向主体停留于其中者的运动宁可被说成是趋向静止的过程,而趋向主体停留于其中者的运动和趋向静止的过程是共在的),并且对立于"在健康中的静止"的必然不是从疾病到健康的运动就是从健康到疾病的运动,因为不可能是随便什么(例如)在白里的静止对立于在健康中的静止的。

凡没有自己的对立者的事物就不能有运动,只能有两相反对的从它出发的变化和趋向它的变化,例如,从存在出发的变化和趋向存在的变化。这样的事物也没有"停留",但有"不变"。如果有某一肯定事物的话,那么在它存在中的不变对立于它不存在中的不变;如果没有不存在这种东西,那么可能有人要问,存在中的不变和什么对立呢? 以及,这个不变是不是静止呢? 如果是的,那么,或者不是所有的静止都对立于运动,或者生与灭也是运动,二

者只能择一。显然,既然产生与灭亡不是运动①,也就谈不上它们 15
是静止,只能说是类似静止的东西,即"不变"。"存在中的不变"或
对立于"无"(或对立于"不存在中的不变"),或对立于"灭亡"(灭亡
是从"存在中的不变"出发的变化,产生是趋向"存在中的不变"的
变化)。

可能有人要问,为什么在空间变化方面既有自然的也有不自
然的运动和停留,而在其他方面却没有呢? 例如没有自然的质变
和不自然的质变,因为说不上什么康复比生病要自然些或不自然 20
些,也说不上什么变白比变黑要自然些或不自然些;增和减也如此
(增和减相互间没有自然和不自然的对立,一个增加和另一个增加
也没有这种对立)。于生和灭道理也一样,因为不会有这样的事
情:产生是自然的,灭亡是不自然的——因为变老是自然的——我 25
们也不会看到,一个产生是自然的,另一个产生是不自然的。当
然,如果说"不自然的"是指"强制性的",那么就能有灭亡对立于灭
亡了,如果一个是强制性的(作为不自然的),另一个是自然的话。
因此是否有一些产生是强制性的和非命定的,因而是和自然的产 230ᵇ
生对立的呢? 也有强制性的增和减吗(例如通过好食物使儿童迅
速长大成人,或者不用土把种子盖得太实以便种子迅速生长)? 在
质变方面又怎样呢? 事实上是同样的:有些质变是强制性的,有些
是自然的,例如疾病在非转变期好转这就是不自然的质变,而在转 5
变期好转就是自然的质变。联系到这一方面灭亡就能和灭亡互相
对立,而不和产生互相对立。关键在哪里呢? 须知在某种意义上

---

① 指狭义的运动。参见第56页注。

有这种对立,例如假设一个灭亡是快乐的,另一个灭亡是悲痛的
话,那么就有这种对立;因此灭亡和灭亡对立不是绝对的,它们必
10　须具备对立的特性。而运动和静止以上述方式普遍地相对立:如
向上的运动和向下的运动对立,在上的静止和在下的静止对立。
这些是空间上的对立;火自然地向上位移,土自然地向下位移,它
们的位移是对立的;火向上位移是自然的,向下位移是不自然的,
15　并且,它的自然的位移一定对立于不自然的位移。"停留"也一样:
在上的停留对立于从上向下的运动,就土而言,在上方停留的发生
是不自然的,而从上向下的运动则是自然的。因此,同一事物的不
自然的停留对立于自然的运动(或停留)(正如同一事物的运动也
20　如此地对立一样),因为上和下两者中,一是自然的,另一是不自然
的。

　　但是有一个问题:是不是所有非永恒的静止都有产生呢,这个
产生是不是等同于"趋向静止"的过程呢①? 如果是的,那么一个
不自然地停留着的事物,如在上方停留着的土,其静止就应有产
25　生;因此,当土被迫向上移动时,它就是在趋向静止了。但是趋向
静止的事物总是运动得愈来愈快,而被强制的事物总是运动得愈
来愈慢的。因此就会有这样一种荒唐事:一个没有静止产生的事
物有可能处于静止状态下②。另外,"走向停止"或者一般地被看

---

①　亚里士多德的意思似乎是这样的:虽然任何非永恒的静止都必须有产生,但产
生不自然的静止的过程必然不同于"趋向静止"的过程,"趋向静止"这个术语是专门用
于自然的运动的。

②　这个推理显得突兀。由上文看来,这是由于:如果把不自然的静止之产生和
"趋向静止"等同看待,但按照亚里士多德,不自然的运动不能说是"趋向静止"。

作就是趋向事物特有空间的运动，或者被看作是和这个运动共在的运动。

还有一个问题：在（例如）这里的停留是不是对立于从这里出发的运动呢？[①] 因为，当一事物正在从某某出发或者说正在失去某某而运动着时，它被认为仍然保存着那失去的东西，所以，如果 ³⁰ 这个静止对立于从这里趋向其对立者的运动的话，那么这个事物就会同时具有两相对立的静止和运动了。或者能不能说，只要事物的某状态还保留着些，它就多多少少还是静止着的呢？ 总而言之，事物在运动着的任何时候总是一方面处在它所正在的状态下，另一方面又是在它变化所趋向的那个状态下，所以与运动相对立 ²³¹ᵃ 的，与其说是停留[②]，毋宁说还是另一运动。

那么，关于运动和静止的问题，关于它们各自如何是一个的问题，以及，什么和什么对立的问题，都说过了。

也可能有人会问起关于"趋向静止"的问题，即：是否也有与不 ⁵ 自然的运动相反对的静止呢？ 如果回答没有那是错误的，因为有停留，但这是强制性的；因此就会出现一种没有产生的但又是非永恒的静止事物了[③]。但显然能有这种静止，因为事物正如能不自然

----

① 这个说法在 229ᵇ29 曾经提出过，所举的例子是"在健康中的停留"和"从健康向疾病的运动"，在这种场合下的变化，比在位移中的变化更显得其具有渐进性，变化着的事物更显得其依然具有（在某种程度上）它正在失去的状况。亚里士多德在这里或许主要是指这种变化，"空间"这个词没有出现。对于整个问题在第六章第五节有更详细的讨论。

② 特密斯迭乌把 ἠρέμησις（趋向静止的过程）解释为 μονή（停留），从本段文字看来是比较合适的。

③ 这里结论是含糊的。暗含的前提是：在强制性的（或者说不自然的）运动中没有"趋向静止"。

10　地运动一样,也能不自然地静止。

其次,既然有些事物既有自然的运动又有不自然的运动,如火
有自然的向上运动和不自然的向下运动,那么和火的向上运动相
对立的是它的不自然的向下运动呢,还是土的向下运动呢(土是自
15　然地向下运动的)? 显然两者都是的,但二者意义不同:一个是本
性不同的事物间的自然对立;另一个,即火的向上运动和向下运动
的对立则是"自然的"和"不自然的"之间的对立。土和火的停留的
对立情况也同样;虽则另一方面有运动和静止在某种意义上互相
反对①。

————————————

①　这一段是再次叙述在 230<sup>b</sup>10 以下文字中已解答了的问题。

# 第 六 章

## 第 一 节

如果"连续"、"接触"、"顺联"这些术语的定义如前所述的 <sub></sub>231<sup>a</sup>21
话——如果事物的外限是一个,它们就是连续的,事物的外限在一
起的,就是互相接触的,如果没有同类事物夹在中间,就是顺联
的——那么我们说,不可能有任何连续事物是由不可分的事物合
成的,例如线不能由点合成,线是连续的而点是不可分的。因为点 25
与点的外限既不是一个(在一个不可分的事物里没有外限和其他
部分的分别),也不是在一起(因为不分部分的事物是没有"限"的,
因为限和它的被限者应是有区别的)。

还有,假如点能合成连续事物,那么点与点必然或是互相连续 30
的或是互相接触的;这个说法也适用于一切不可分的事物。点与 231<sup>b</sup>
点不能连续,其理由已如上述;至于点与点相互接触,那么我们说,
一切事物的相互接触不外整体和整体接触,部分和部分接触或整
体和部分接触这几种情况。既然不可分的事物无部分,必然只有
整体和整体接触一种可能。但是如果点与点以整体互相接触,它 5
们是不能组成一个连续事物的,因为连续事物可以分成这个那个
的各部分,并且各部分是可以辨别开来的,就是说,是在不同的地

方的。

　　再说，点和点、"现在"和"现在"也不能顺联起来，以致由点组成长度，由现在组成时间。因为，要没有同类事物夹在中间才能是顺联，而点与点之间总是夹有线段的，现在和现在之间总是夹有一
10 段时间的。再说，如果长度或时间能分解成它们所由合成的各个构成部分，那么它们就能分解成不可分的部分了①。但是没有一个连续的事物能分解成无部分的事物。在点和点之间或现在和现在之间也不可能有任何不同类的事物②。因为，如果有的话，那么显然，这个事物或者是不可分的或者是可分的；如果是可分的，那么就会或者分成不能再分的或者分成永远可以再分的。而这后者
15 是连续的。并且也很显然，任何连续事物都能分成永远可以再分的部分（因为，如果分成不可分的，那么就会有不可分的事物和不可分的事物互相接触了），因为连续诸事物的限互相接触成为一体。

　　同一论证法适用于量、时间和运动：或者这三者都是由不可分
20 的部分组成的并且可以分解成不可分的部分，或者这三者都不是这样的。证明如下。假设量是由不可分的量合成的，那么通过这个量的运动就会是由相当量的不可分的运动组成的，例如，假设ABΓ这个量是由A，B，Γ，这三个不可分的量合成的，那么Ω通过

---

　　① 这里还有一个前提："如果说时间是由'现在'组成的，长度是由点组成的。"这个前提是由上文语气承接下来的。

　　② 亚里士多德在这里预防一种异议：点与点之间，现在和现在之间的事物可能是一不同类的事物，例如（像一些毕达哥拉斯派的学者所主张的）虚空，把组成线的诸点分离开来。照这个观点，连续的线应该是由顺联的点组成的（各点之间被虚空隔开）。这是不行的。

ABΓ 的运动 ΔEZ 的每一个相当的运动就会也都是不可分的。如 25
果有运动进行着必然是事物在运动着,事物在运动着也必然有运

$$\underline{A} \qquad \underline{B} \qquad \underline{\Gamma}$$
$$\underline{\Delta} \qquad \underline{E} \qquad \underline{Z}$$

动在进行着,那么正在进行着的运动必然是由不可分的部分合成
的。所以当 Ω 正在做 Δ 运动的时候,它还正处在通过 A,做 E 运
动时还正处在通过 B,做 Z 运动的时候同样地还正处在通过 Γ。
因此,假设一个正在从一地方向另一地方运动着的事物,在它还正
在运动着的时候,它是必然不能既在"运动着"同时又"已经运动到
了"它运动的目的地的(例如有一个人正在往忒拜城走,他就不能 30
既在往忒拜的道路上同时又已到了忒拜),但 Ω 在 Δ 这个运动存
在的时候是正在通过 A 这个不可分的量的,因此,如果(i)Ω 完成 232ᵃ
这个运动是在运动过程之后,那么运动就是可分的了(因为当 Ω
正在通过的时候,它就既不是静止着,也没有完全通过,而是正处
于途中);如果(ii)Ω"正在通过"同时又"已经通过了",那么一个走
路的人就会在他正走着的时候就已走到(因而已在)目的地了,也 5
就是说,他已经运动到了他运动的目的地了。

　　再说,假设某一事物运动着通过整个的 ABΓ,它的运动是 Δ、
E 和 Z,又假设运动中的事物完全不是"正在通过"A,而是"已经通
过"它了,因此,运动就不是由几个运动组成的,而是由几个"跳跃"
组成的,并且就会有这样的事情:一个从来没有做过运动的事物完 10
成了运动(因为它不曾有过通过 A 的活动就"已经通过了"A);因
此就会有这样的事情:一个没有走的人走完了一段路,因为他没有
走过这段距离就已经走完了这段距离。因此,如果一切事物必然

不是静止着就是在运动着,而 Ω 在每一个组成部分 A,B,Γ 上都
15　静止着,因此就会有事物连续地既静止着同时又在运动着,因为 Ω
在整个的 ABΓ 上运动着,又在它的无论哪一个部分上(因此也在
整个的 ABΓ 上)静止着。其次,如果 ΔEZ 的各不可分的组成部分
也都是运动,那么一个事物就可能在有它的运动存在着的时候不
在运动着而正停止着;假设 ΔEZ 的各不可分的组成部分不是运
动,那么运动就可以由非运动组成了。

　　和长度、运动一样,时间必然也是不可分的,既然它是由不可
20　分的"现在"合成的。因为,如果整个距离是可分的,并且等速运动
使一事物在较短时间内通过较短距离,那么时间必定也是可分的;
反之,如果某事物通过 A 所花的时间是可分的,那么 A 也是可
分的。

# 第 二 节

232ᵃ23　　既然一切量都能分解成较小的量(因为已经说明过:连续的事
物是不能由不可分的部分合成的,而任何量都是连续的),因此较
25　快的事物必然或(i)在相等的时间里通过较大的量,或(ii)在较短
的时间里通过相等的量,或(iii)在较短的时间里通过较大的量,正
如"较快的"定义中所规定的那样。

　　(i)假设 A 比 B 快。既然比较快的事物是在变化中领先的事
物,那么在一段时间里(例如在 ZH 这段时间里)A 由 Γ 已变到了
30　Δ,在这同一段时间里 B 还没有到达 Δ,还掉在后面一段距离。因
此在同一段时间里较快的事物通过较大的量。

不仅如此，而且(iii)较快的事物也能在较短的时间里通过较大的量。因为在同一段时间里 A 已到达了 Δ，比较慢的 B 假定说才到达了 E。因而既然 A 花了全部时间 ZH 到达了 Δ，那么只要

232b

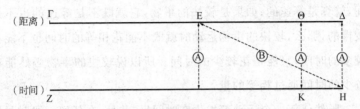

花比 ZH 少的时间（假定说是 ZK 吧）就可以到达 Θ。于是，A 已通过的 ΓΘ 大于 ΓE，而 ZK 这段时间小于全部时间 ZH，因此 A 能在较短的时间里通过较大的量。

5

根据上述这些结论也可以看得很明白，(ii)较快的事物能在

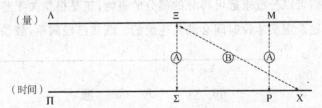

比慢的事物所花时间短的时间里通过相等的量。因为，既然快的事物在比慢的事物所花的时间短的时间里能通过较大的量，而就快的事物本身而言，它通过较大的量比通过较小的量（例如通过 ΛM 比通过 ΛΞ）所花的时间要多些，它用以通过 ΛM 的时间 πP 就要比用以通过 ΛΞ 的时间 πΣ 长些。因此既然时间 πP 小于慢的事物用以通过 ΛΞ 的时间 πX，那么时间 πΣ 也将小于时间 πX，因为它比 πP 都小，而比"小的"还要小的东西自然比"大的"更小了。所以快的事物必能在较短的时间里通过相等的量。

10

15

再者,既然任一事物运动时(和别一事物运动时相比)总是或者花相等的时间或者花较短的时间或者花较长的时间;又既然,如果花了较多的时间,这事物就算是运动得较慢,如果花了相等的时间,就算是等速的;如果是较快的事物,它就既不是等速的也不是较慢的,那么,较快的事物运动时就既不能花相等的时间也不能花较多的时间,只能是花较少的时间。所以说较快的事物必然能花
20 较少的时间通过相等的量。

既然任何一个运动都发生在时间里,并且,在任何一段时间里都能有运动,又,任何一个运动着的事物都既能运动得快些也能运动得慢些,又,在任何一段时间里都既能有较快的运动也能有较慢
25 的运动,既然如此,那么必然时间也是连续的。我所说的连续的事物是指可以分成永远可再分的部分的事物;正是根据关于连续事物的这个定义才说时间必然是连续的。既然已经阐明:较快的事

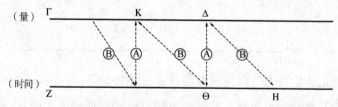

物在较短的时间里通过相等的量,假定说 A 是较快的事物,B 是
30 较慢的事物,假定说较慢的事物在时间 ZH 里已经运动着通过了 ΓΔ 这个量。那么显然,较快的事物将会在比这个时间(即 ZH)小的时间里(就假定说在 ZΘ 这段时间里吧)运动着通过同一个量。再说,既然较快的事物在 ZΘ 这段时间里通过了整个的 ΓΔ,那么
233ª 较慢的事物在同一个时间里通过较小的量(假定说是 ΓK 吧)。既然较慢的事物 B 在 ZΘ 这段时间里通过 ΓK,较快的事物在更短些

的时间里就能通过它，因此时间 ZΘ 将被再分。时间 ZΘ 被分了，
ΓK 这个量也将以同一比例被分。量被分了，时间就也要被相应
地分。并且，如果先确定较快的事物通过一定的量所需的较短的
时间（和较慢的事物比起来），然后再确定较慢的事物在这个较短
的时间里所通过的较小的量（和较快的事物比起来。）（须知较快的
事物总是分小时间，而较慢的事物总是分小长度），那么，这个过程
会一直地进行下去。既然这种交替转换能一直地进行下去，并且
每一转换总是在分小，就可见任何时间都是连续的了。

　　同时也显然，一切量都是连续的，因为量的一分再分是能够以
和分时间时同样的比例同样的次数进行的。再者，一般的论证法
也就可以说明：既然时间是连续的，量就也是连续的，花一半时间
就通过一半量，或一般地说，花较少的时间就通过较小的量，因为
量的一分再分总是能够以和分时间时同样的比例进行的。

　　并且，如果时间和量二者中无论哪一个是无限的，那么另一个
就也会是无限的，并且，一个在哪方面无限，另一个就也在这方面
无限。例如，假使时间在两个方向的延伸上无限，量也就在两个方
向的延伸上无限；如果时间在分起来上无限，量也就在分起来上无
限；如果时间在延伸和分小这两个方面都无限，那么量也就在这两
个方面都无限。

　　因此芝诺在有一个论证里犯了错误。他主张一个事物不可能
在有限的时间里通过无限的事物，或者分别地和无限的事物相接
触。须知长度和时间被说成是"无限的"有两种含义，并且一般地
说，一切连续事物被说成是"无限的"都有两种含义：或分起来的无
限，或延伸上的无限。因此，一方面，事物在有限的时间里不能和

数量上无限的事物相接触；另一方面，却能和分起来无限的事物相
接触，因为时间本身分起来也是无限的。因此通过一个无限的事

30　物是在无限的时间里而不是在有限的时间里进行的，和无限的事
物接触是在无限数的而不是在有限数的现在上进行的。

因此，既不能在有限的时间里通过无限的量，也不能在无限的
时间里通过有限的量；而是：时间无限，量也无限，量无限，时间也

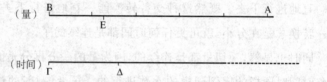

（量）　B　　　　　　　　　　　　　　　　　　　A
　　　　　　　E

（时间）　Γ　　　　　Δ

35　无限。证明如下。假设 AB 表示一个有限的量，由 Γ 起的线表示

233ᵇ　一个无限的时间；取 ΓΔ 为时间的某一有限的部分。于是在 ΓΔ 这
段时间里运动物将通过 AB 量的某一个部分（假定说它是 BE
吧）。（BE 正好是计量 AB 的单位，还是小于还是大于这个单位都
无关紧要。）须知，如果通过一个和 BE 相等的量（BE 作为计量整

5　个 AB 的单位）总是花一个相等的时间，那么通过 AB 所花的总时
间就应该是有限的，因为它也能被分成一样多（和 AB 量被分成的
部分数目相同）的部分。再说，如果不假定任何一个量都要花无限

10　的时间通过它，而假定可以在有限的时间里通过一个一定的量，例
如 BE（这个 BE 作为计量总量的单位），又假定，通过相等的量花
相等的时间，因此用以通过 AB 的时间也会是有限的。假定时间
在一个方向上作为有限的，那么显然，通过 BE 不须花无限时间，
因为，既然通过部分比通过总量花的时间少，那么这个时间必然是

有限的<sup>①</sup>，在一个方向上有了一个限。这同一个证明法也适用于 15
证明"在有限的时间里通过无限的长度"这个假说是否能成立。

因此，根据以上所述可以看得很明白，无论是线还是面，以及
任何连续的事物，都不是不可分的。这不仅是根据刚才所作的论
证，而且也因为所假定的不可分的东西原来也是可分的。因为，既 20
然在任何时间里运动事物都能有快有慢，并且，在相等的时间里较
快的事物通过较大的量，那么较快的事物就有可能通过两倍或一
倍半的长度，因为较快事物和较慢事物的速度是可能有这样的比
例的。因此，假定较快的事物在同一时间里通过了一倍半的长度，
并且假定较快的事物所 25
通过的量 ΑΒΓΔ 被分成
三个不可分的部分，较慢
事物在同一段时间里所通
过的量被分成两个部分 ΕΖ 和 ΖΗ。因此时间也能被分成三个不
可分的部分，因为相等的量在相等的时间里被通过。时间就假定
被分成 ΚΛ，ΛΜ，ΜΝ 吧。既然在同一个时间里较慢的事物通过
了 ΕΖ，ΖΗ，那么时间 ΚΝ 同样地就也可以被一分为二。因此，不
可分的东西 ΛΜ 将被一分为二，无部分的东西<sup>②</sup>不是在一个不可 30
分的时间里而是在一个比这时间大些的时间里被通过。因此可

---

① 一个时间如果小于无限的时间，就必然是有限的——这个论点是错误的，并且
和第三章第五、六、七节中关于无限的定义相矛盾（尤其请看207ᵃ7以下）。因为小于无
限并不妨碍它超过任何已定的量，因而并不限制它的延伸。正如作者在《说天》一书
i.3，271ᵇ27以下证明宇宙有限时所承认的，一个无限的事物和另一个无限的事物可以
有任何比例（有限的或无限的）。

② 指长度，如 ΕΖ。

见,没有一个连续事物是不能分成部分的。

# 第 三 节

233ᵇ33　　　　非派生意义的,即本义的,狭义的"现在",必然是不可分的。

35　并且,这样的"现在"必然是在任何一定的时间里。因为"现在"是

234ᵃ　已过去时间的一个限(没有任何一段将来的时间在这边),又是将

来时间的一个限(没有任何一段已过去的时间在这边)。因此我们

曾经说过①,它是过去时间和将来时间的共同的限。因此,如果能

5　证明它在本义上真是这样的,即证明它真是同一个,那么就可以明

白它是不可分的了。

作为两段时间的限的"现在"必然是同一个。因为,假定是不

同的两个,那么,因为不能由无部分的事物合成连续体②,这两个

"现在"不能互相顺连。假定是分离的,那么在这两个"现在"之间

就会有一段时间,因为任何连续体都是这样的:在两个限之间有同

10　名事物。但是,如果夹在中间的是时间,它就是可分的(因为已经

证明任何时间都是可分的)。因此"现在"是可分的了。但是,如果

"现在"是可分的,那么就会有某一段过去的时间在将来的时间里,

也会有某一段将来的时间在过去的时间里,因为在这种场合里,过

15　去时间和将来时间的真正的界限乃是把这个可分的"现在"分开来

的点。不过,这也是一种"现在",但不是本义的,而是派生意义的

---

①　见 222ᵃ12。

②　见本章第一节。

"现在",因为这里的"分"不是本义的。此外,这种"现在"的一部分是过去的,另一部分是将来的,并且,它的过去的部分和将来的部分也不是永远同一的。事实上这种"现在"本身也不是永远同一的,因为时间可以被多次地分割。因此,如果狭义的"现在"不能有　20
这些特性,那么过去时间里的"现在"和将来时间里的"现在"就必然是同一个。但是,如果是同一个的话,那么显然它就也是不可分的,因为,如果是可分的,那么上面说过的同一些话将再度被重复。因此,据上所述可以看得很明白,在时间里确有一种不可分的东西,我们把它称之为"现在"。

　　没有任何事物能在"现在"里运动,兹说明如下。在现在里如　25
果能有运动,那么其中也就能有较快的运动和较慢的运动。假定

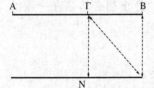

N 是"现在",较快的事物在 N 中运动着通过了 AB。因而较慢的事物在同一个现在里将运动着通过小于 AB 的量,例如说 AΓ。既然较慢的事物在整个的
"现在"里运动着通过了 AΓ,那么较快的事物就会在小于"现在"　30
的时间里运动着通过 AΓ,因此"现在"就能被分了。但是我们已经知道它是不可分的。因此,在现在里不可能有运动。

　　也没有任何事物能在"现在"里静止。因为我们曾经说过,只有本性能有运动,但在具体的时间、地点不在运动(虽然仍保有能运动的本性)的事物才可以被说成是"静止"着①。因此,既然在"现在"里没有任何事物能保持运动的本性,显然在现在里也就谈

① 见 226ᵇ15。

不上有任何事物能静止。

35　　　再说,既然过去和将来这两个时间里的"现在"是同一个。如

234b 果运动事物能在整个的一个时间里运动,在整个的另一个时间里

静止,那么在整个的一个时间里运动的事物就能在这整个时间的

任何一个(运动物能自然地在其中运动的)部分里运动,在整个的

另一个时间里静止的事物也同样。因此,如果在现在里能有运动

和静止的话,那么就会出现这样的情形:同一个事物同时既运动着

5 又静止着。因为两个时间的限,即现在,是同一个。

　　　再者,我们说一个事物静止着是指的这样的事物:无论是就整

个的它本身而言还是就它的各部分而言,现在的状况和以前的状

况一样。但是在"现在"里没有"以前",因此在现在里没有静止。

　　　因此,运动事物的运动和静止事物的静止都必然是在一段的

时间里。

# 第 四 节

234b10　　　变化者必然都是可分的。因为,既然任何变化都是从一者趋

向另一者的,并且,如果它已经达到变化所趋向的终结,它就不再

是在变化着的了;如果它还是在变化所从的出发点,它(无论是作

为整个的它本身还是作为它的所有部分)就还不在变化着(因为如

15 果事物——无论是作为整个的它本身还是作为它的各个部分——

的状况还没有变化,那么该事物就不在变化着),因此,正处在变化

过程中的事物必然处在起点处状况和终结处状况的某种混合状况

下,因为,作为一个整体,它不能分开着具有两种状况,也不能一种

状况也不具有。(我这里所谓的变化所趋向的终结,是指在变化过程中最先出现的状况,例如从"白的"出发的变化中是指"灰的",而不是指"黑的",因为变化者并不必然是两极端之一。)因此显然,任 20何变化的事物都是可分的。

运动是可分的。有两个根据:一是根据时间,二是根据运动事物的各个部分的运动。后者

(运动者) $\overline{A\phantom{xxxxxx}B\phantom{xx}\Gamma}$ 例如,假设 $A\Gamma$ 作为整个的

(运动) $\overline{\Delta\phantom{xxxxxx}E\phantom{xx}Z}$ 在运动着,那么 $AB$ 和 $B\Gamma$ 也

是在运动着的。就假定 $\Delta E$ 为 $AB$ 的运动,$EZ$ 为 $B\Gamma$ 的运动吧,它 25们是部分的运动。因此必然 $\Delta Z$ 是 $A\Gamma$ 的整个的运动。因为,既然 $\Delta E,EZ$ 分别地作为各个部分的运动,又,没有任何运动者的运动能由别的运动者的运动构成,那么 $\Delta Z$ 必然构成 $A\Gamma$ 的运动。因此整个的运动是整个量的运动。[①]

此外,既然任何运动都是某一运动者的运动,又,整个运动 $\Delta Z$ 30不是哪一个部分的运动(因为部分是运动者的部分的运动),也不是任何别的事物的运动(因为整个运动是哪一个整个的运动者的,这个运动的各组成部分就也是该运动者的各组成部分的;在这里 $\Delta Z$ 的各个部分是该运动者 $A\Gamma$ 自己的部分 $AB,B\Gamma$ 的运动,而不是任何别的事物的运动,因为运动既是一个就不能是两个或两个以上运动者的),那个整个运动是 $AB\Gamma$ 这个量的运动。

此外,假设整个运动者 $A\Gamma$ 有另一运动,例如说 $\Theta I$,如果从 $\Theta I$ 235ª上减掉各个部分运动者的运动;这些被减掉的运动就会等于 $\Delta E$,

---

① 这里用量代表运动者。

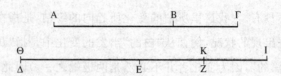

EZ,因为一个运动者只有一个运动。因此,假如整个的运动 ΘI 被
分成各个部分,运动 ΘI 就会和运动 ΔZ 相等;假如有什么剩下来
的话,例如 KI,这个运动就会不是任何运动者的,因为它既不是整
个运动者的,也不是部分运动者的(因为一个运动者只有一个运
动),又不能是任何别的事物的,因为连续的运动是互相连续的诸
运动者共有的运动。如果分得超过了 ΘI[①],同样,这超过的部分也
不能是任何运动者的。因此,既然 ΘI 不能大于也不能小于 ΔZ,必
然和它相同或相等。

根据部分运动事物的运动分整个的运动就是这样。并且,任
何有部分的事物必然都可以这样分。

运动也可以根据时间分。因为,既然一切运动都发生在时间
里,而时间都是可分的,在较短的时间里运动也比较小,那么必然,
任何运动都可以根据时间分。

既然任何运动者的运动都具有一定的内容,都经过一定的时
间,又,万物都有运动,那么时间、运动、"运动着"、运动者以及运动
内容必然都可以同样地被分。(不过,在分运动内容的时候情况并
不是完全一样的,其中量是自身直接被分的,而质是附随着被分
的。)

———————————

① 也就是说,如果不够分。

假定运动所经的时间为 A，运动为 B。如果在全部时间里完 20
成整个的运动，那么在一半时间里完成小于整个运动的运动。如
果再分这一半时间，所完成的运动就更小，依此类推，乃至无穷。
反过来，时间也可以依据运动来分。因为，如果整个运动占用整个
时间，那么一半运动占用一半时间，再小的运动占用更少的时间。

"运动着"也可以同样地被分。因为，假定 Γ 为整个的"运动 25
着"，因此和一半运动对应的将是比整个"运动着"小的"运动着"，
和四分之一个运动对应的将是更小的"运动着"，依此类推，以至无
穷。此外，如果我们给两个运动，例如 ΔΓ 和 ΓΕ，依次提出对应的
"运动着"，我们就可以证明，整个的"运动着"和整个的运动相对应
（因为否则就会有两个或两个以上的"运动着"和同一个运动相对 30
应了），就像我们前面证明运动可以分成部分运动者的运动那样，
因为，如果依据运动的两部分分取"运动着"，整个的"运动着"就能
是连续的。①

也可以用同样的方法证明：长度是可分的，一般地说，一切运 35
动内容都是可分的（虽然其中有的是因为变化者可分而附随着可
分的），因为同一类的诸事物中既有一个可分，其余的就也都是可
分的了。

并且，在是有限的还是无限的这个问题上，它们的情形也都一 235ᵇ
样。所有它们之所以都可分并且是无限的，这主要是由于变化者
是可分的和无限的之故，因为可分性和无限性直接属于变化者。
可分性在前面已经证明过了，无限性将在下面说明。 5

---

① 因为运动是连续的。

## 第 五 节

235ᵇ6　　既然任何一个变化者都是从一事物变为另一事物的,那么必然,变化者一经变成,它就已经是它所变成的那个事物了。因为变

10　化者是在由什么变化着,它就是在摆脱什么,或者说脱离什么;"脱离"若不是和"变化"同一,也一定是跟随着"变化"的;而如果"脱离"是跟随着"变化"的,那么"已经脱离了"就应该是跟随着"已经变化了"的,因为在这两种场合里关系相同。

　　既然有一种变化是趋向矛盾方面的,事物由不存在变成了存

15　在,它就是脱离了不存在。因此它就是存在着的了,因为任何事物若非存在着就必然不存在着。因此很明显,在矛盾的变化里,已经变化的就已经是它变成了的事物了。并且,既然在这种变化里是这样,那么在别种变化里就也会是这样的,因为道理是同样的。

　　再说,如果"变成者"必然已经"在某处"或已经"在某事物

20　处"①了,那么我们就可以把各种变化都解释明白了。因为,既然它已经脱离了自己所从以发生变化的事物,并且必然已在某处,那么它若非在已经变成的事物处,就一定在别的事物处。因此,如果已经变成 B 者是在别的事物处,例如在 Γ 处,它就必然在再由 Γ

25　向 B 变(须知 Γ 不是顺接在 B 后面的,因为变化是连续的)。因此已经变成者在它变成的时候,就会还正在向它已经变成了的事物变化着。这是不行的。因此必然,变成者是在它一到那里就算变

---

　　① "在某事物处"或译为"是某事物"。

成了的那个事物处。因此也很明白：生成者在它生成时就存在着了，灭亡者在它灭亡了时就不再存在了，因为前面一般地说过，这个原理适用于一切变化，并且在矛盾的变化中最为明显。 30

因此显然，变化者在它变成的第一瞬间，就已经在所变成的事物处了，而且变化的事物在那儿变成的那个第一瞬间必然是不可分的。（我所用的"第一瞬间"是指，运动恰好占用的时间〔不多也不少〕①而不是指，包括这个时间在内的一段较长的时间。）兹说明如下。假定 AΓ 是可分的时间，并且在 B 处被分。那么，如果在 35 AB 里变成，或者在 BΓ 里变成，AΓ 就不能是事物变成的第一的（直接的）时间了。而如果这个事物是在 AB，BΓ 中变化着，（因为，如果不是在 AB，BΓ 中变成，就必然是在其中变化着。）那么它 236ᵃ 在整个的 AΓ 中就也应该还只是在变化着，但根据前提，这里的事物是变成者。同样的论证法也可以用来说明，能否在 AB 中变化着而在 BΓ 中变成。回答是：不能。因为否则就会还有一个比第一瞬间更直接的时间了。所以事物在其中变成的那个时间是不能分的。因此也显然，不论灭亡者还是产生者，它们也都是在一个不 5 可分的时间里完成灭亡和产生过程的。

但是，一事物变成的第一瞬间有两种含义：一是变化达到终结（目的）的第一瞬间（因为这个时候说事物"已经变成"是正确的），10 另一是变化开始的第一瞬间②。与变化的终结相关的那个第一瞬间，是的确有的，因为变化达到终结是可能的，变化的终结是有的，

---

① 或译为"直接时间"。

② 与终结相关的第一瞬间实际上是一个限点，与变化的开始相关的第一瞬间是一个时段。

并且已经说明过:终结是不可分的,因为它是一个限。至于说到那
个与变化的开始相关的第一瞬间,则这东西是根本没有的,因为所
15 谓"变化的开始"是没有的,变化经过的第一瞬间也是没有的①。
兹说明如下。假定有这样一个第一瞬间,并且用 AΔ 来表示。那
么这个时间 AΔ 不能是不可分的,因为,如果是不可分的,那么两

$$\overline{\qquad \underset{\Gamma}{\vert} \qquad \qquad \underset{A}{\vert} \qquad \qquad \underset{\Delta}{\vert} \qquad}$$

个现在②就会顺接在一起了(这是不行的)。再说,假如事物在整
个时间 ΓA 里静止着(因为可以假定它在这段时间内是静止的),
它就也在 A 处静止着,因此,如果 AΔ 是无部分的,事物就会还未
20 变就已经变成了。因为它又静止于 A 又变成于 Δ。因此,AΔ 既
然不是没有部分的,就必然是可分的,并且,必然在它的任何一个
部分内都有变成(因为,假定把 AΔ 分为两部分,如果在任何一个
部分里都没有变成的话,那么在整个 AΔ 里也不会有变成;如果在
两部分中变化着,在整个 AΔ 中就也在变化着;如果是在其中的一
个部分中变成,那么整个的 AΔ 就不是变成的直接时间了,因此必
25 然在任何一个部分里都有变成)。显然,这第二种"事物开始变化
的第一瞬间"在实际上是没有的,因为分的过程是无限的。

　　变成者也没有第一变成部分。兹说明如下。假设 ΔZ 为 ΔE
30 的第一变成部分(已经证明过:任何变化者都是可分的),再假设
ΔZ 变成的时间为 ΘI。于是,如果在整个的时间里 ΔZ 变成,那么

---

　　① "变化的开始"中"开始"不是指变化过程的前限(起点),而是指变成者的整个
变化过程的最前部分。这样的部分必然可以无限地分下去,永远可以有更前的部分。
相应的时间也这样地永远可以有更前的时段。因而实际上永远得不到最前的时段。

　　② 两个现在是指:直接在变化以前的现在和变化开始的现在。

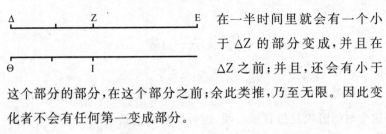

在一半时间里就会有一个小于 ΔZ 的部分变成，并且在 ΔZ 之前；并且，还会有小于这个部分的部分，在这个部分之前；余此类推，乃至无限。因此变化者不会有任何第一变成部分。 35

据上所述可以看得很清楚，无论是变化的事物还是变化所经过的时间，都没有任何第一的部分。

但是真正的变化者或者说变化内容，其情况就不同了。因为 236b 谈到变化总要涉及三个东西——变化者、"当……"和变化内容，如人、时间和苍白。人和时间都是可分的，至于苍白，则不然（虽然可 5 以附随着被分，因为白——或者说性质——所附随的那个事物是可分的）。如果说有些变化内容不是在附随的意义上而是自身直接地可以被说成是可分的，那么这些内容也都没有第一的部分，例如量就没有第一部分。兹说明如下。假定 AB 是一个量，假定它 10 完成了由 B 运动到 Γ 这个运动的第一位置。那么，如果 BΓ 不可

分，两个没有部分的事物就要顺接起来了（这是不可能的）；如果 BΓ 是可分的，那么就会在 Γ 之前还有一个变化到这里达到完成的位置，还有比这位置更前的，并且，由于可以无限地分下去。因此 15 实际上不会有变化完成的第一位置。数量的变化里情况也一样，因为数量的变化也是发生在连续事物里。因此可见，唯有在质的运动里能有自身的不可分性。

## 第　六　节

236ᵇ19　　既然变化者都在时间里变化,而事物被说成在时间里变化的,

20 这个时间可以是指直接时间,也可以是指包括直接时间在内的较

长的一段时间(例如说一年,虽然变化只发生在其中的一天里),那

么,变化者在直接时间里变化,就必然在直接时间的每一个部分里

都有变化。这一点根据直接时间的定义①是可以明白的,因为我

25 们在前面就是这样使用直接时间这个术语的。此外还可以证明如

下。假设 XP 为运动者的运动所经过的直接时间,并在 K 处被分

```
X                    K                P
├────────────────────┼────────────────┤
```

(因为任何时间都是可分的)。于是,在 XK 这段时间里或者有运

动或者没有运动,在 KP 这段时间里也一样。如果在 XK 和 KP

这两段时间里都没有运动,那么在整个的时间 XP 里事物就是静

30 止着,因为在两个部分时间里都不运动的事物却在整个的时间里

运动是不可能的。如果事物仅仅在其中的一个部分里运动,那么

它运动的直接时间就不是 XP 了,因为和运动相关的时间不是

XP。因此必然在 XP 的每一部分里都有过运动。

　　作了上述证明之后可以明白:凡在运动着的事物必然此前已

35 经完成过运动。因为(1),如果运动着的事物在直接时间 XP 里已

经运动着通过了 KΛ 这个距离,那么,以同样速度同时开始运动的

---

①　见 235ᵇ33 及注。

K————————————Λ

X————————————P

另一事物在一半时间里应完成一半距离的运动。既然有同样速度的另一事物在某一部分时间里完成了某一部分 237a 距离的运动,那么原来的那个事物在同一部分时间里必然也完成了同一部分距离的运动。因此运动着的事物必然是已经完成过运动的。其次(2),如果我们所以能够说运动完成于整个的时间 XP 里(或者一般地说,随便什么样的一段时间里)是靠了把"现在"当 5 作这段时间的限的话(因为,"现在"是定限时间的东西,而时间是在两个"现在"之间的东西),那么也可以用同样的方法使事物可以被说成是完成运动于别的一段时间内。而时间的二分点就是一半时间的限。因此在一半时间里也能有运动的完成,并且(一般地说)在任何一个部分时间里都能有运动的完成,因为时间以"现在" 10 定限同时也总是在以分的方法定限。于是,如果说任何一段时间都是可分的,而时间是两个"现在"之间的东西的话,那么任何一个变化着的事物就会是已经完成了无数变化了的。再者(3),如果连续变化着的,并且既未灭亡也未中断变化的事物,必然在任何时候若非正在变化着就一定已经完成了变化,但是在现在里不能有变化在进行,因此事物在每一个"现在"上必然已经完成了变化。因 15 此,如果说"现在"是为数无限的,那么,任何变化着的事物就是已经完成了无数的变化了的。

不仅变化着的事物必然有过变成,而且变成了的事物也必然此前是在变化着的。因为任何一事物变成了另一事物都是在时间里变成的。兹说明如下。假定一事物现在已经由 A 变成了 B。 20 因此,如果事物还是在原来的那个现在里(即它在 A 处的那个现在里),它就没有变成(因为否则它就会同时既在 A 处又在 B 处了),因为已经证明过了:变成的事物在它变成时就不是在原来的 A 处了。如果说事物已在另一个"现在"里了,那么两个"现在"之间就会有一段时间,因为两个"现在"是不能顺接的。于是,既然事物在时间里变成,而时间又都是可分的,那么在一半时间里就会有另一事物变成,在四分之一的时间里又有一事物变成,如此等等以至无穷。因此变成的事物在它变成之前应该是在变化着的。

上述论断在量方面更为明显,因为变化事物的变化所通过的量是连续的。兹阐明如下。假定一个事物已经完成了从 Γ 到 Δ 的变化。如果 ΓΔ 是不可分的,两个没有部分的东西就要顺接着了。既然这是不行的,必然在两者之间有一个量,并且可以分成无数部分。因此事物在完成到 Δ 的变化之前是在连续不断地分别变为这无数部分。因此,变成了的事物在此以前是在变化着的——这个论断必然适用于一切变化,因为同样的证明也适用于内容不连续的变化,例如对立两者间的变化和矛盾两者间的变化,因为只要我们先考察了运动完成于其中的时间这个因素,然后就可以应用同样的论证法了。

因此必然是:变成的事物在变化着,变化着的事物变成过,并且,在"变化着"之前有"变成",在"变成"之前有"变化着",永远上推不到"第一个"。其原因在于:两个没有部分的东西不能顺接,而分的过程可以无限地进行下去,仿佛一段线的一部分在增大着另一部分在减小着那样①。

于是也可见②,生成的事物必然此前在产生着,产生着的事物必 10
然此前有过生成,只要事物是可分的和连续的——但并不是所有产生
着的事物都是连续的,有时已生成者不同于产生着的事物本身,
而是(例如说)它的一个部分,如房屋的地基那样③——灭亡着的事
物和灭亡了的事物也是如此。因为,产生着的事物和灭亡着的事
物,既是连续的就一定含有无限性,并且,任何事物,如果未有过生 15
成就不可能在产生着,如果前此不在产生着也就不可能生成。灭亡
着的事物和灭亡了的事物也一样:在"灭亡着"之前有无数的"灭亡
了",在"灭亡了"之前也有"灭亡着"。因而也显然,生成的事物必然
此前在产生着,产生着的事物也必然此前有过生成,因为任何量任 20
何时间都是永远可分的。因此不管事物处在变化的哪一个阶段,这
个阶段都不可能是绝对的第一阶段。

# 第 七 节

既然任何运动着的事物都是在时间里运动着,时间越长运动 237ᵇ23

---

① 辛普里丘 996.19 解释这里所指的过程是:把一条线分为两部分,一半不再分,
另一半再被二分,将这第二级的一半加到第一级未被再分的那一半上去,余此类推,一
直无限地分下去。

② 亚里士多德在 237ᵃ35 已经说过:只要先考察了时间因素,同一论证过程也适用
于对立间的变化和矛盾间的变化(即产生和灭亡)。作者在这里再补充一个说法:根据量
的无限可分性,这个论证过程也适用于事物(作为连续的和可分的量)的产生和灭亡。

③ 这是说:产生(完成)一所房屋,必先有它的"产生着";因为,当安置地基时,这个
过程不仅是被认为是安置地基的过程,而且也是建筑房屋的过程,而安置地基是建筑房
屋的一个部分。

通过的距离也越大,那么,一个有限的运动是不可能在无限的时间

25 里进行的——这里我不是指,同一个运动或它的某一部分永远不

断地反复,而是指的整个的运动在整个的时间里而言。

显然,假定一事物在做匀速运动,那么必然,在有限的时间里

运动通过有限的量。因为,如果我们以能除尽整个运动的单位作

30 为运动的部分,那么在和部分运动的数相等的时间里就能完成整

个的运动。因此,既然各个部分运动的大小和部分运动的总数都

是有限的,那么整个的时间也必然是有限的①,因为它将是部分运

动所经时间的一个倍数,即等于部分运动的数乘部分运动的时间。

但,即使运动不是匀速的,也没有影响。兹解释如下。假设

35 AB 为一个在无限的时间里被通过了的有限距离,ΓΔ 为无限的时

238ᵃ 间。那么,如果距离的一部分在另一部分之前被通过了——这是

很明白的,因为在前一部分时间里被通过的距离和在后一部分时

间里被通过的距离不是一个,因为,随着所经时间的延长被通过的

5 总距离也总是在变化着,无论变化是否在以匀速进行,也无论运动

是在加快,还是在减慢,还是维持着原速,都没有关系——那么,假

A　　　　E　　　　　　　　　　　　　　　B

定取能作 AB 的计量单位的 AE 作总距离 AB 的一个部分。那

10 么,通过这个部分将是在所假设的无限时间的某一段里②,它不能

在无限时间里,因为在无限的时间里通过的是整个的 AB。如果

---

①　这个结论的成立要有一个前提,即:部分运动所经的时间是有限的。详见本章
第二节 233ᵇ15 的注。

·　②　意思是说:在有限的一段时间里。因为作者把比无限的时间小的时间看作是
有限的。详见本章第二节 233ᵇ15 的注。

再取另外一个和 AE 相等的部分,也必然是在有限的时间里被通过,因为在无限的时间里被通过的是整个的 AB。如果继续这样地取下去,那么,既然无限的时间没有一个可以用来计量它的部分(因为无限的东西不能由有限的东西作为构成部分——无论是相等的部分还是不相等的部分——组成,因为数有限或量有限的东西——不管它们是否相等,只要它们在量上是有定限的——总是可以由某"一个"来计量的),而有限的距离 AB 却能被 AE 量尽,因此通过 AB 的运动应该是在有限的时间里完成。同样,一个趋向静止的过程也不可能在无限的时间里进行。

因此,作为同一个事物,其产生或灭亡的过程不可能是无限的。

同一论证法也可以说明:在有限的时间里也不能无限地运动或趋向静止,不管运动是不是均匀的。因为,如果取一个能量尽整个时间的部分时间,那么在这个部分时间里将通过某一个部分量,而不是整个量(因为整个量是应该在整个时间里被通过的),在另一个相等的部分时间里再通过另一个部分量,并且在每一个部分时间里都通过一个部分的量,不管这个量是否和第一个量相等,因为只要每一个量都是有定限的,相等不相等没有什么关系,显然,在时间被分完时,无限的量是不会被分完的,因为被分取下来的量在大小和数目两个方面都是有限的。因此在有限的时间里不会通过无限的量。并且,量在一个方向还是在两个方向无限,也没有关系,因为论证的方法是相同的。

在已经证明了上述论点之后,现在可以看得很明白,有限的量也不可能在有限的时间里通过无限的量。理由是同样的:在部分

35　时间里它仅能通过一个有限的量,并且在每一个部分时间里均如
此。因此在全部时间里它也只通过有限的量。

　　　既然在有限的时间里不可能有限的量通过无限的量,那么显
238b　然也不能无限的量通过有限的量。因为,如果无限的量能通过有
限的量,那么必然有限的量也就能通过无限的量。因为两者之中
5　哪一个作为运动者是没有关系的,因为这只是有限的事物通过无

　　　　　　　　　　　　　　　　　　　　　　（无限的量）

　　　　　　　　　　　　　　　　　　　　　　（有限的量）

限事物的两个不同的方式而已。兹解释如下。当一个无限的量 A
运动着的时候,就会有它的一个有限的部分,如 ΓΔ,和有限的量 B
相对应着过去,这样一个一个,乃至无穷。因此无限的量通过了有
10　限的量,同时有限的量就也通过了无限的量了,因为要无限的量通
过有限的量但不让无限的量——或作为位移者或作为计量者——
通过无限的量,恐怕是不行的。因此,既然这是不行的,那么无限
的量也是不能通过有限的量的。

　　　在有限的时间里也不能无限的量通过无限的量。因为,如果
15　能通过无限的量,就也能通过有限的量了,因为无限的量包括有限
的量。另外,用分取时间的方法也可以证明这同一论点。①

　　　因此,既然在有限的时间里,不能有限者通过无限者,也不能
20　无限者通过有限者,也不能无限者通过无限者,因此可见,在有限
的时间里不会有无限的运动。因为,把运动当作无限的或者把量

---

　　　① 即将时间分成有限数的部分,见238ª20。

当作无限的,有什么分别呢? 运动和量两者中如果有一个是无限的,那么另一个就必然也是无限的,因为任何位移都是发生在空间里的。

# 第 八 节

既然任何自然能运动或静止的事物在自然的时间、地点不是在自然地运动着就是在自然地静止着,那么趋向静止的事物在它趋向静止的时候必然在运动着。因为,如果它不在运动着就会是静止着,但是正静止着的事物是不能同时又处于趋向静止的过程中的。

既然这样,那么可见,趋向静止的过程必然也是在时间中进行的。因为运动者是在时间里运动的,而趋向静止的事物被表明是在运动着的,因此趋向静止的过程必然在时间里进行。其次,我们是根据时间来说"快"和"慢"的,而趋向静止的过程是能有快和慢的。

趋向静止的事物在一个直接时间里趋向静止,必然在这个直接时间的任何一个部分里都有趋向静止的活动。因为,如果把这个时间分为两部分,如果在两个部分里都没有趋向静止的活动,那么在整个时间里就也没有趋向静止的活动,因此趋向静止的事物就不能是在趋向静止;而如果只在其中的一个部分里有趋向静止的活动,那么整个的时间就不是事物趋向静止所经过的直接时间了,因为整个的时间在这个场合是作为一个包括了直接时间在内

238ᵇ23

25

30

35

的扩展了的时间,正如前面①在谈到运动者时所说过的那样。

239ᵃ　　正如运动事物运动所经的时间没有第一的部分那样,趋向静止的事物趋向静止所经的时间也没有第一部分,因为运动过程和趋向静止的过程都没有一个第一的部分。兹说明如下。假定 AB 为趋向静止所经时间的第一部分。这个 AB 就不能是不具有部分的,因为在不具部分的时间里运动是不能存在的(因为运动总是一部分一部分地在完成着的),而趋向静止的事物已被表明是在运动着的。如果 AB 是可分的,那么在它的任何一个部分里都有趋向静止的活动,因为在上面已经说明过了②:事物在自己趋向静止所经的直接时间的每一个部分里都在趋向静止。因此,既然趋向静止的过程所经的直接时间是一段时间,不是不可分的,任何一段时间都是无限可分的,因此事物趋向静止所经的时间是不能有第一部分的。

静止事物的静止所经过的第一瞬间也是没有的。因为静止的事物不能在不具部分的时间里静止,因为在不可分的时间里不能有运动,静止能发生于其中的时间运动必然也能发生于其中,因为我们曾经说过,当一个自然能运动的事物在按其自然应该在运动着的时间里不在运动着时,它就是静止着。其次,当一个事物的现在的状况和以前的状况没有改变时,我们也说它是静止着,因此判断事物是否静止着不能仅用一个限点而需要用两个限点。因此事物在其中静止着的时间不能是没有部分的。既然它是可分的,它

---

①　见 236ᵇ21 以下。

②　238ᵇ31。

就是一段时间，并且事物能在它的任何一个部分里静止着，因为这　20
可以用和证明前面的问题时同样的方法得到证明。因此没有一个
部分第一。其原因在于：一切事物的静止和运动都是发生在时间
里的，而时间，还有量，或者一般地说，一切连续事物，都没有第一
部分，因为任何一个部分都是可以无限地加以再分的。

　　既然任何运动事物都是在时间里运动，并且从一事物处变到
另一事物处，那么运动事物在时间里——指它的运动所经的直接　25
时间，不是指包括直接时间在内的一个较长的时间——是不可能
和某一固定不动的事物整个地相对着的。因为一个能运动的事物
（无论是它自身整个的还是它的每一部分）如果经过一段时间之后
还是在原处，它就是静止着而不是在运动，因为，当我们说一个能
运动的事物（无论是它本身整体还是它的各部分）在另一个"现在"
里还是在原处是说得正确的时候，我们就说这个事物静止着。如
果"静止着"的含义是这样，那么变化着的事物在直接时间里和某　30
一固定不动的事物整个地相对着是不可能的（因为整个的时间是
可分的），因此，说一个事物（无论是它本身整体还是它的各部分）
"在时间的一个一个的部分里仍在原处"这句话是说得并不错的。
因为，如果不是这样，而是只有在"一个现在"里能在原处的话，那
么事物就不是在一段时间里而是在时间的一个点上和某一固定的　35
事物相对着了。在"现在"里它的确总是和一固定的事物相对着　239ᵇ
的，不过这不能算是静止——因为在任何一个"现在"里既不能有
运动也不能有静止。因此，一方面，说运动着的事物在"现在"里和
某一固定不动的事物相对着不在运动是正确的；但另一方面，不能
说它在一段时间里和静止着的事物相对着，因为否则就会有这样

的事情出现了：一个正在位移着的事物静止着。

# 第 九 节

239ᵇ5　　芝诺的论证是错误的。他说：如果任何事物，当它是在一个和自己大小相同的空间里时（没有越出它），它是静止着，如果位移的事物总是在"现在"里占有这样一个空间，①那么飞着的箭是不动的。他的这个说法是错误的，因为时间不是由不可分的"现在"组成的，正如别的任何量也都不是由不可分的部分组合成的那样。

10　　芝诺关于运动的论证（这些论证给那些研究解决这些问题的人造成了困难）有四。第一个说：运动不存在。理由是：位移事物在达到目的地之前必须先抵达一半处。关于这个说法我们在前面的论述中已分析过了②。

　　第二个是所谓"阿克琉斯"论证③。这个论证的意思是说：一15 个跑得最快的人永远追不上一个跑得最慢的人。因为追赶的人必须首先跑到被追的人跑的出发点，因此走得慢的人必然永远领先。20 但是，这个论证和第一个论证，即二分法的论证是一回事，分别只在于：在分划那个量时这里不是用的二分法。由论证所得到的结论是：跑得慢的人不可能被赶上，而这个结论是根据和二分法同样

---

①　芝诺显然是认为时间是由"现在"组成的，就像空间是由和物体大小相等的空间组成的那样。

②　见 233ᵃ21。

③　见荷马史诗《伊里亚特》。阿克琉斯是希腊联军中的猛将，跑得快也是他的特长。

的原理得到的——因为在这两个论证里得到的结论都是因为无论以二分法还是以非二分法分取量时都达不到终结,在第二个论证里说最快的人也追不上最慢的人,这样说只是把问题说得更明白些罢了——因此,对这个论证的解决方法也必然是同一个方法。认为在运动中领先的东西不能被追上这个想法是错误的。因为在它领先的时间内是不能被赶上的,但是,如果芝诺允许它能越过所规定的有限的距离的话,那么它也是可以被赶上的。这两个论证就说到这里为止。

第三个论证就是刚才所说的:飞着的箭静止着。这个结论是因为把时间当作是由"现在"合成的而引起的,如果不肯定这个前提,这个结论是不会出现的。

第四个是关于运动场上运动物体的论证:跑道上有两排物体,大小相同,数目相同,一排从终点排到中间点,另一排从中间点排到起点,它们以相同的速度做相反的运动,芝诺认为这里可以说明:一半时间和整个时间相等。这里错误在于他把一个运动的事物经过另一个运动事物和以同速度经过同大小的静止事物所花的时间看作是相等的,事实上这两者是不相等的。他的证明如下。假定 AAAA 为大小相等的不动的一排事物,在跑道中段,BBBB 位于由 AAAA 的中间到起点处,B 的数目、大小都和 A 的相同,ΓΓΓΓ 位于终点到 AAAA 的中间处,Γ 的数目以及大小都和 A 的(也就是和 B 的)相同,并且和 B 的速度相同。于是当 BBBB 和 ΓΓΓΓ 做相反方向运动时,第一个 B 到达最末一个 Γ 的同时第一个 Γ 也到达了最末一个 B 处。这时第一个 Γ 已经经过了所有的

B,而第一个 B 只经过了 A 的一半,因此,一半时间和全部时间相

等①(因为每经过一个事物所花的时间是相等的)。其次,与通过

15　AAAA 的一半同时第一个 B 已经经过了所有的 Γ(因为第一个 Γ

和第一个 B 将在同时抵达对立的两个终点),而如芝诺所说,它经

过每一个 Γ 和经过每一个 A 所花的时间是一样的,因为第一个 Γ

和第一个 B 在经过 A 时所花的时间是相等的②。他的论证就是这

样,但这个结论是根据上述错误假定得出的。

　　在矛盾的变化里,在我们看来也没有什么不可以(例如,假使

20　一个事物在由"非白的"变向"白的",在这过程中它既不在"白的"

阶段也不在"非白的"阶段,因此)说这事物既不是白的又不是非白

的。因为,如果事物不完全在某状态下就不能说是在该状态下的

话,那么,在由"非白的"变为"白的"的那事物就既不能被说成是

"白的"也不能被说成是"非白的"了;但是另一方面我们也应该知

道,我们普通说事物是白的或非白的,并不是凭它完全是白的或非

白的,而只是凭它大部分或者决定性的部分是白的或非白的;不在

25　某种状态下和不完全在某种状态下是不同的。在存在和不存在之

---

①　以图解说明如下。原来的排列是:以后做相反方向的运动,变成这样的排列:

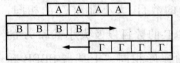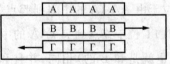

这时第一个 Γ 经过了两个 B,而第一个 B 只经过了一个 A(即 AA 这一排的一半),根据
假设,B=A,经过一个 B 和经过一个 A 所花的时间相等。所以得到一个结论:全部
时间和一半时间相等。

②　"其次……"这一段话是说,从另一个角度也可以得出结论:一半时间和整个时
间相等。

间的变化里以及其他矛盾间的变化里也都是如此的,因为变化事物在必须为对立两方之一的同时也总是不完全为那一方的。

再谈到圆的问题(还有球,以及一切在它自身的容积内运动的 30 事物的问题),有人说它是静止的,因为它本身以及其各部分经过一段时间之后还是在原来的空间里,因此,它静止着同时又运动着。其实不然。首先,它的各部分经过任何一段时间之后就不是 240b 在原处了;其次,其整体也在变换位置,因为从 A 点划取的弧,从 B 点划取的弧,从 Γ 点所划取的弧以及从其他的点所划取的弧① 都不是同一的,除非像"有教养的"和"人"那样因偶性而同一。因 5 此圆周总是在变换着位置而永不静止。球以及其他在自身内运动的事物也是如此。

# 第 十 节

作了上述论证之后现在我们说,不具部分的事物是不能运动 240b8 的,除非是指因偶性而附随着的运动,就是说,只有当它所附随的 10 那个物体或量运动着的时候它也跟着运动,如在船里的事物由于船的移动,或部分由于整体的运动而跟着运动那样。(但我所说的"没有部分的事物"是指量上不可分的事物,因为可分的事物其各部分是有自己的运动的,而且各部分的运动都不同于整体的运动。这种区别在转动的球上表现得最清楚了,因为各个部分的运动速 15 度根据离中心的远近而有所分别,并且都和整体的运动速度不同,

---

① 这里所说的弧是指有了一个分点的圆周。

所以说整体的运动内部不是单一的。）

因此，如我们已经说过的，不具部分的事物只能够像一个坐在
20 船里的人那样随着船的移动而运动，凭自己是不能运动的。兹解
释如下。假定一个事物正在由 AB 变到 BΓ——无论是由一个量
到另一个量，还是由一个形式到另一个形式，还是矛盾间的变
化——并假定 Δ 为变化所经的直接时间。因此在变化所经的这
段时间里，它必须或在 AB 处或在 BΓ 处，或者其一部分在 AB 处
25 另一部分在 BΓ 处，因为一切变化事物的实际情况都是这样的。
但它不能一部分在 AB 处另一部分在 BΓ 处，因为这样它就是可分
的了。也不能在 BΓ 处，因为这样一来它就是已经变成了的了，而
在假定中我们说它是正处在变化过程中。那么只好在变化所经的
时间里它一直是在 AB 处。因此它应该是静止着，因为经过一段
30 时间之后还是在原处——这就是静止。

因此无部分的事物是不能运动的（或一般地说，是不能变化
的）。须知，要没有部分的事物能有运动必须有一个条件，这个条
241ᵃ 件就是：时间是由"现在"组成的。因为运动或者说变化总是在"现
在"里完成的，因此这种事物就可以从未进行过运动而又总是已完
成了运动的。但是前面已经证明过了①，这是不可能的事情，因为
时间不是由"现在"组成的，线也不是由点组成的，运动也不是由
5 "跳跃"组成的。因为那种主张等于是说，运动是由不可分的部分
组成的，正如说时间是由"现在"组成的或者线是由点组成的一样。

还可以用下面的论证来说明：无论是点还是别的任何不可分

---

① 详见 231ᵇ18 以下，尤其 232ᵃ8 以下。

的事物都不能运动。因为任何运动事物如果不先通过一个等于自
身或小于自身的距离，是不能一开始就通过一个大于自身的距离
的。既然这样，那么显然点也必须先通过一个小于或等于它自身　10
的量，但既然点是不可分的，因此它首先通过的量不能是再小于它
的了，只能是和它相等的。这样一来线将会是由点组成的了，因为
当点在不断地通过和自己相等的量时，它就是在起着整条线的计
量单位的作用。但是这是不可能的。因而不可分的事物是不能运
动的。

　再说，既然任何事物都是在时间里运动的，没有一个事物是在　15
"现在"里运动的，又，任何时间都是可分的，那么任何运动事物就
都可以有一个比它通过和自身一样大小的距离所需的时间更小的
时间了（因为该事物在其中运动的那个时间应该是一段时间，因为
任何事物都是在时间里运动的，而前面已证明过时间全都是可分
的）。因此，如果点能运动，就会有一个比点通过和自己相等的距　20
离所需的时间更短的时间。这是不可能的。因为在更短的时间里
运动通过的距离必然更短，因此一个不可分的东西就可以分成比
它自身更小的部分，像时间被分成更短的时间那样了。因为没有
部分的或者说不可分的事物要能运动必须具备一个前提条件，那
就是，不可分的事物能在"现在"里运动。因为在"现在"里运动和　25
运动着通过一个不可分的东西是一回事。

　无论什么变化都不是无限的。因为任何变化——不论是矛盾
间的变化还是对立间的变化——都是由一事物变到另一事物的，
因此在矛盾变化里肯定和否定是限，如产生过程的限为存在，灭亡
过程的限为不存在，而在对立间的变化里，对立的两者是限（因为　30

它们是变化的两极），对立两者也是一切质变的限，因为质变是由
241b 一种质变为对立的另一种质的。于增和减也同样，因为增长的限
是以增长事物的特性为依据的量方面的完成，而减少的限则是这
个量的消失。但是如果也用这样的方法来考察位移运动，那么就
看不出它是有限的了，因为并不是所有的位移运动都是在对立的
5 两者间进行的。但是，既然"不能"被分的事物——意思是说它"没
有"被分的"可能性"（因为"不能"这个词除了"没有可能性"这一含
义之外还有其他的含义①）——不能处于被分的过程中，一般地
说，不能有产生的事物不会处在产生过程中，那么不能有变化的事
物就也不会有可能处在变向那个它不能变向的事物的过程中。因
此，如果位移的事物正处在变向某处的过程中，它就能够变到那
10 里。因此它的运动不能是无限的，运动物也不会处在驱过无限距
离的过程中，因为它不能走完这个距离。因此显然，变化不是无限
的，就是说，不是没有限来确定它的。

　　但是还必须研究，是否可能有任何同一个变化在时间里无限。
15 须知，如果变化不是一种，这种时间里的无限也许还可以。例如位
移之后质变，质变之后增长，再后产生。因为这样一来，在时间里
就会永远有运动。可是运动不是一个，因为所有这些位移、质变等
等不能组成为一个运动，也就是说，不是单一的运动。因此，运动
20 如果是一个，它就不能在时间里无限，只有一个例外，那就是圆周
位移。

---

　　①　关于"能"和"不能"的各种含义在《形而上学》Δ章 12 节有详细的辨析。

# 第 七 章

## 第 一 节

凡运动着的事物必然都有推动者在推动着它运动。运动着的<sup></sup>事物如果不是自身内有运动的根源,显然它是在被别的事物推动着,因为在这种情况下运动的推动者只能是别的事物;如果它是自身内有运动的根源,假定 AB 为一个自身本质地运动的事物而非因其某一部分在运动而被说成在运动的事物。因此,首先,认为 AB 是在被自身推动着(因为它是作为一个整体本质地运动着并且不是在被任何外来的事物推动着),这就好像当 KΛ 正在推动着 ΛM 同时自身也在运动着的时候,人们因为看不清哪一个是推动者哪一个是被推动者,因而不说 KM 是在被什么推动着一样。其次,不被任何事物推动而运动着的事物不必由于别的事物的静止而停止运动;如果一个事物由于别的事物停止了运动而静止下来,那么它的运动必然是有一个推动者的。如果承认了这个原则,结果必然导致一个结论:任何运动着的事物都有它的推动者。举例说明如下。既然已经把 AB 作为运动着的事物,那么必然它是可分的,因为任何运动者都是可分的。假定它被分于 Γ 处。因此,如果 ΓB 不运动,AB 也不能运动,否则很明显,ΓΑ 就会在 BΓ 静

10 止着的时候运动,因此就不是 AB 自身本质地运动着了。但根据
原来的假设,它是自身本质地运动着的。因此当 ΓB 不运动的时
候 AB 必然静止着。但是我们已经一致认为,没有某一事物推动
就不能运动的事物,其运动是由某一事物推动着的。因此必然任
15 何运动着的事物都有它的推动者,因为运动着的事物永远是可分
的,并且,如果它的部分不运动,整体也必然静止。

　　既然任何运动着的事物都必然有推动者,如果有某一事物在
被运动着的事物推动着做位移运动,而这个推动者又是被别的运
20 动着的事物推动着运动的,后一个推动者又是被另一个运动着的
事物推动着运动的,如此等等,这不能无限地推溯上去,那么必然
有第一推动者。说明如下。如果没有第一推动者,而是可以无限
地推溯上去。假设 A 被 B 推动,B 被 Γ 推动,Γ 被 Δ 推动,等等,
这个无限的事物序列中的每一个事物都被顺接着的那个事物推
动。因此,既然已经假定推动者在推动别的事物的同时自身也在
运动着,并且运动者的运动和推动者的运动必然同时发生(因为推
25 动者的推动和运动者的运动是同时进行的),那么显然,A 的运动,
B 的运动,Γ 的运动以及每一个既是推动者又是运动者的运动都
是同时的。让我们来各别地讨论每一个运动,并且用 E,Z,H,Θ
来相应地代表 A,B,Γ,Δ 的运动,因为,虽然每一个运动都有一个
30 事物在推动,但我们还是可以把每一个运动当作数上的一个,因为
任何运动都有起点和终点,在两个方向的扩展上都不是无限的。
(所谓数上是一个的运动,我是指的在数上为同一个的时间里发生
的,由数上为同一个的起点到数上为同一个的终点的运动。须知
运动同一,可以有类上的同一、种上的同一和数上的同一之别——

同一范畴,例如实体的运动或者性质的运动在类上同一;而如果运动的起点和终点在种上同一,运动就也在种上同一,例如从"白的"到"黑的"的运动在种上没有分别,从"好的"到"坏的"的运动在种上没有分别;而如果运动是在同一段时间内从数上为一个的起点到数上为一个的终点,那么这运动在数上同一,例如在这段时间内从这个白到这个黑或者从这个地方到那个地方的运动就是在数上同一,因为,如果是在不同的时间里,运动就不再是在数上为一个而是在种上为一个了。关于这些前面已经说过了。① 现在让我们再来讨论 A 在其中完成了自己运动的那个时间,并用 K 来代表这个时间。既然 A 的运动是有限的,所经的时间就也是有限的。但是(根据假设)推动者和运动者为数无限,既然如此,由个别运动合成的运动 EZHΘ 是无限的。(可以假定 A,B,以及其他事物的运动是相等的,也可以假定 A 以外的事物的运动比 A 的运动大,因此无论它们全都相等还是顺接的运动依次增大,在这两种情况下运动的总体都是无限的;我们可以取任一种情况②。)既然 A 和其余的每一个运动都是同时的,那么运动的总体和 A 的运动就在同一时间里,但是 A 的运动所经的时间是有限的,因此就会有一个无限的运动在一个有限的时间里了,而这是不可能的。

于是,"必然有第一推动者"这个假说到此似乎已得到证实了;

242ᵇ

4

8

15

20

---

① 第五章第四节 227ᵇ3 以下。

② 亚里士多德在这里说:如果取所说的这两种情况都可以得到"运动的总体是无限的"这个结论;并且,既然这两种情况都是可以允许的,那么我们就有权以两者中随便哪一种情况为出发点演绎出我们的结论来。

顺接的运动愈来愈小是不可以的,因为这样一来总运动就不能是无限的了。

但是到此为止这个假说用归谬法还不能说已经得到证明了。因为,如果运动不是一个事物的而是许多事物的,那么在有限的时间里是完全可以有无限的运动的。这里所说的这些事物的运动情况也是这样,因为每一个事物都在做自己的运动,而许多事物同时运

25 动也不是没有可能的。但是,既然位移和可感知的运动中的直接推动者必然和运动者或是连续的或是彼此接触着的(正如我们在任何场合都能看到的那样),那么许多个运动者和推动者必然是连续的或互相接触着的,因此它们组成了"一个"。这"一个"事物是有限的还是无限的,对当前的论证无关紧要。因为任何情况下,既然运动事物的数是无限的,整个的运动也就一定会是无限的,只要

30 每一个运动能等于或大于其后的运动(因为我们将把理论上可能的情况当作实际的看待)。于是,如果 A,B,$\Gamma$,$\Delta$ 等等组成的是"一个"无限的量,它正在时间 K 里(这个时间是有限的)做 EZH$\Theta$运动,结果就会是:以有限的事物或无限的事物能在有限的时间内做无限的运动。但是,无论运动事物是有限的还是无限的这都是不可能的。因此事物的这个序列必然能上推到一个限,并且必然

243ᵃ 有第一个自身也被推动的推动者①。这个不可能性是由假设②引起的——这个事实是无关紧要的,因为假设的情况在理论上是可能的,理论上可能情况的假设不应该引起不可能的结果。

---

①　此外还有一个自身不被推动的推动者(推动这个自身也被推动的推动者)。后面会谈到的。

②　即:每一运动或等于或大于其后的运动。

# 第 二 节

直接推动者——不是作为运动的目的而是作为运动的根源——是和被它推动者"在一起"的;所谓"在一起",我说的是在它们之间不夹任何东西。这是对一切运动者和推动者都普遍适用的真理。既然运动有三种:空间方面的运动、性质方面的运动和数量方面的运动,那么推动者也必然有三种:使位移者、使质变者和使增减者。

首先让我们来谈谈位移,因为它是最基本的运动。任何正在做位置移动的事物都或是自身运动或者被别的事物推动。在凡是自身推动的运动里,运动者和推动者显然是"在一起"的,因为直接推动者就包含在它所推动的事物里,因此没有任何东西夹在它们之间。被别的事物推动的运动事物,其运动方式必然有四种,因为由别的事物推动的位移有四种:推、拉、带、转。

全部空间方面的推动都可以归入这四种。说明如下。"推"有好几种形式:如果推离自身的推动者是跟随着被推动者推动它的,这种推是"推进";如果只推动而不跟随着被推动者的,这种推是"推开";如果推动者引起了一个比自然位移更强烈的离开自身的运动(运动着的事物继续自己的位移直到推动力对它失去了影响为止),这种推是"扔"。再说,"推离"和"推合"就是推开和拉:推离是推开,而推开也有使离开自身也有使离开别物;推合是拉,而拉也有拉向自身,也有拉向别物。因此推合和推离之各种形式也都可以归入推开和拉,例如织布机上机杼之压纬线和梭子的穿过经

243ª3
5

10

15

20

234ᵇ

5

线,前者是推合,后者是推离。其他的离和合也同样都可以归入
推开和拉(因为它们全都是推离和推合),只有那些出现在产生
10 和灭亡过程中的离与合除外。同时,显而易见,除了离与合而外
就再没有别的任何种空间活动了,因为任何空间方面的活动都
能被分别归入上述两项之下。还有,吸气是拉,呼气是推;吐出
15 以及一切其他经过身体的排出和吸入活动也都如此:一是拉,一
是推开。

也应该将空间方面的其他活动归入这两种方式,因为它们全
都可以被归入上述拉、推、带、转四项之下,而这四项之中"带"和
20 "转"又可以归入拉和推。因为"带"总是采取其余的三种方式之
一,被带的事物是附随着运动的,它是在运动着的事物里或在运动
244ᵃ 着的事物上,而带着它的那个事物总是或被拉着或被推着或被转
着运动的,因此"带"分属于这三种方式。"转"是拉和推合成的,因
为使转动者必然在拉转动者的一部分,同时又在推转动者的另一
部分,一方面使转动者的一部分离开自身,另一方面又使该事物的
另一部分趋向自身。

5 因此,如果能说明推者和被推者,拉者和被拉者是"在一起"
的,那么显然,在位移运动中运动者和它的推动者之间是没有任何
别的事物的。这一点从定义看来也是很明白的:"推"是由推者自
身到另一事物或者由另一事物到更另一事物的运动;"拉"是在拉
10 者的运动比连续事物彼此分离的速度大的条件下,由另一事物到
拉者自身或由另一事物到更另一事物的运动,因为事物就是这样
被拉到一起去的。(但很可以认为另外还有一种方式的拉,例如木

柴拉火①就不是上述的方式。至于拉的事物在拉别的事物时自身
是在运动着还是静止着那是无关紧要的。因为，如果它静止着，它
就是把别的事物拉向自己当时所在的地方；如果它在运动着，它就
是把别的事物拉到自己本来所在的地方。)把一个事物从自身挪动 15
到另一事物或从另一事物挪动到自身而不与被挪动的事物接触是 244ᵇ
不可能的。因此显然，在空间方面的运动者和推动者之间是不夹
有任何别的事物的。

　　其次，在发生质变的事物和引起质变的事物之间也没有任何
别的事物。这从归纳法看来是很明白的：在一切性质变化里，引起
变化者的外限和产生质变者的外限是"在一起"的。我们假设，质 5
变事物的质变就是它们在所谓的"能影响的质"②方面受影响。证
明如下。一定质的事物的质变就是使自己成为可感知的，而可感
知的特性就是那些使物体得以相互区别开来的特性（因为任何物
体都是凭了自身具有的可感知特性比别的物体具有的可感知特性
种数多些或少些，或者凭了同一特性在程度上和别的物体有差异
而和别的物体区别开来的）。所以，使质变事物质变的正就是这些
可感知的特性，因为这些可感知的特性就是上面假设里的那种"能
影响的质"的影响。当一个事物正在变热、变甜、变密、变干或变白
时，我们就说它正在发生质变。这对于无生物和生物是一样的，对

---

　　①　即木柴着火。
　　②　亚里士多德《范畴篇》第八节把"性质"分成四类：(1)状况和排列（下一节将谈
到一些）；(2)天生的能力和无能；(3)形状和形式（见245ᵇ10以下）；(4)能影响的质——
它们是五官感觉的客体。它们被称为"能影响的"是因为它们能改变他事物中的对立
的性质，并对感官造成影响。

10 于生物的非感官部分和感官本身也是一样的。须知感官也以某种
方式发生质变,因为现实中的感知就是在感官以某种方式受到影
响时的一种经过身体的运动。因此凡无生物能有的质变,生物也
15 都能有,而生物所能有的质变无生物不能全有,因为无生物不能有
245ª 感官方面的质变;而且生物是有意识地在受影响,无生物是无意识
地在受影响(但是,如果发生的质变是和感知没有关系的,那么生
物也完全可以是无意识地在受影响)。因此,既然质变事物的质变
5 是被可感知的特性造成的,那么很显然,在任何这样的质变里,引
起质变者的外限和发生质变者的外限是在一起的。例如空气和引
起变化者是连续的,而身体和空气是连续的①。其次,颜色和光是
连续的,光和眼睛是连续的。听和嗅也如此,因为直接推动运动者
10 的是空气。尝也如此,因为味道和舌头是直接接触的。对于无生
命无感觉的事物也一样。因此说,不能有任何东西夹在质变者和
引起它变化者之间。

　　也不能有任何东西夹在增长者和引起增长者之间。因为引起
增长者是以自己加到增长者上去以致和后者变为一体的方法使后
者增长的。再说,减少者是因自己的某一部分的离去而被减少的。
15 因此必然,引起增长者和引起减少者同增长者和减少者都是彼此
连续的,而在相互连续的事物之间是不夹有别的任何事物的。

245ᵇ 　　因此可见,没有任何事物穿插在运动者和推动者的相对应的
限之间。

---

　　①　意指触感:如热源和空气接触,而空气和受热的身体接触。

# 第 三 节

下面必须论证,任何质变事物的质变都是被可感知的特性引 245ᵇ3
起的,并且,质变只能存在于那些自身直接受可感知特性影响的事 5
物里。至于别的,人们最容易认为,在形状和形式里,在状况里和
获得状况失去状况的过程里存在着质变。其实它们都没有质变。

一个发生形状变化的事物,在它已经完成了形状变化的时候, 10
我们就不再用它所由构成的质料的名称来称呼它了,例如不说塑
像是铜,不说蜡烛是蜡或床是木头,而是分别地用派生词说它们是
铜的、蜡的、木头的。但是一个已经受到了影响和已经发生了质变
的事物,我们还用原来的名称称呼它,例如,我们仍然说铜或蜡是
干的、流动的、热的或硬的。不仅如此,我们说某个流动的东西或 15
热的东西是铜的,是用和影响同样的名称来称呼质料。因此,既然 246ᵃ
在考虑到形状和形式的因素时,人们不用形状所依托的质料的名
称来称呼已经成形的新事物,而考虑到影响和质变时人们却仍然
用质料的名称来称呼新事物,所以显然形状和形式的产生过程不
是质变。再者,"人或房屋或其他任何产生了的事物都是质变成 5
的"这种说法应该被认为是错误的,虽然或许任何一个事物的产生
过程中都必然包含有某一事物的质变(例如有质料的浓缩或稀散
或变热或变冷),但产生的事物本身并不发生质变,它们的产生过
程也不是质变。

再者,状况(不论是物体的状况还是精神的状况)也不是质变。 10
因为状况有优劣之分,但无论优还是劣都不是质变,优是一种圆满

成功——因为每一个事物在得到了它自己的优点时它就被说成是
15 圆满的,因为它这时最合自然(正如一个圆,在它正式变成了一个
圆的时候,就被说成是圆满的了)——而劣是自然状况的消失或分
离。因此正如我们不说房屋的落成是质变①那样(因为把墙头和
屋顶说成质变或者把正在加墙头和盖屋顶的房子说成是在质变而
20 不说它是在完成都是错误的),于优和劣以及具有或获得优和劣的
246ᵇ 事物也如此,因为一是圆满成功一是分离,因此都不是质变。

　　还有,我们说任何优都取决于一定的关系,例如我们把健康和
5 身体好等物体的优归因于热和冷在体内相互间的或和外界环境的
交流和比例得当;优美、有力,以及其他的优或劣也同样。因为它
们都是凭一定的关系存在着,并且把自己的持有者置于与固有的
10 影响相关的好或坏的状况下。所谓固有的影响我是指的那些能促
使事物的自然结构产生或灭亡的影响。因此,既然相关的不是质
变,本身也不是质变的、产生的或(一般地说)任何一种变化的主
体,那么显然,状况以及失去或获得状况的过程都不是质变,虽然
15 状况的产生和灭亡的过程中也许必然包括有某些别的事物的质变
(正如在谈到形式和形状时所说过的那样),例如热的和冷的、干的
和流动的事物或状况直接依托的随便什么事物的质变。因为每一
状况被说成是优是劣都是和那些能促成它们的持有者依照自然结
20 构发生质变的那种固有的影响有关系的,因为优使它的持有者或
不受坏影响或受好影响,而劣使其持有者受坏影响或不受好影响。

247ᵃ　　精神的状况也一样。它们也全都凭一定的关系存在着;精神

---

　　①　这里所说的“质变”的含义详见 226ᵃ25。

状况的优也是圆满成功,劣也是分离;并且,由于固有影响的缘故,优把持有者置于好的状况下,劣将持有者置于坏的状况下。因此精神的状况也不能是质变,失去它们和获得它们的过程也不能是质变;但是它们的产生过程必然包括有灵魂的感觉能力的质变。5 而感觉能力的质变是由可感知的客观事物引起的。因为精神上的任何善都和身体上的快乐和痛苦有关系,而后者又或者是现在正在感受中的或者是在回忆中的或者是在期望中的。现在正在感受 10 着的快乐和痛苦是通过感知过程得到的,是由某一可感知的客观事物所引起的,而回忆和希望中的快乐和痛苦也来源于感知(因为 15 在这种场合人是因为在回忆曾经感受过的事物或向往将要感受到的事物而感到快乐的),所以,所有这样的快乐必然都是由可感知事物引起的。既然恶和善是在快乐和痛苦发生的时候发生的(因为它们是和苦乐有联系的),而快乐和痛苦是感觉能力的质变,那么显然这些状况的失去和获得过程必然包括了别的事物的质变。因此,第一,在它们产生的同时有质变伴随着;第二,它们本身不是质变。

智力的状况也不是质变,严格地说它们也没有产生。因为"凭 247b 一定的关系存在着"这句话用于知识比用于别的状况更确切;并且,它们没有产生也是显而易见的。因为潜能地有知识的事物没有一个是靠了自我运动而变得现实地有知识的,它变得有知识是 5 靠了别的某些东西,即当某些个别的事物和它发生关系,它凭了对一般事物的知识以某种方式知道了个别事物。其次,知识的使用和实现也不是产生的结果,除非有人说视和触有产生,认为知识的实现可以和它们类比。最初的获得知识也不是产生或质变。因为 10

我们使用"知道"和"了解"这些词时就意味着智力已处于静止和停留阶段①，趋向静止的运动也没有产生，因为总的说，任何变化都

15　是没有产生的（正如前面已说过的）②。再说，恰如当一个人由醉酒、睡眠或生病转变到其对立状况时，我们不说他重新变得有知识了那样（虽然他使用知识的能力的确已经停止过了），在他最初获得这种状况时我们也不能说他在变得有知识。因为理解和知识是灵魂由自然的兴奋平静下来的结果（孩子们不能像大人一样对感

248ª　知方面的事物形成知识和判断，也正是因为这个缘故，因为小孩子灵魂的兴奋和运动比大人频繁）。而灵魂平静下来和静止下来在有些方面是被自然本身正常地造成的，而在另一些方面则是被外来事物造成的，但是在这两种场合里在平静下来的过程里都包括

5　有身体的某些质变，正像当一个人变得清醒或被唤醒时使用和实现知识的场合下的情况那样。

　　因此根据以上论证可以看得很清楚：质变只出现在可感知的事物里和精神的能感知的部分里，在别的任何事物里都是不行的，除非是指因偶性的质变。

# 第　四　节

248ª10　　　可能有人会提出一个问题：是不是所有的运动都可以相互比量呢？假设所有的运动都可以相互比量，假设在相等的时间里做

---

① 在希腊文里"知识"（ἐπιστήμη）和"停留"（στῆναι）有词源上的联系。
② 见第五章第二节。另外在230ª4处确定了"趋向静止"是一种运动。

相等运动的事物是等速度的,那么一段圆弧就可以和一段直线相等,或比它长些或比它短些了。其次,如果在相等的时间里一个事物在质变,另一个事物在位移,那么质变就可以和位移相等了。因此影响就可以和长度相等了,但这是不可能的。即使两个事物在相等的时间里做相等的运动,它们是等速度的,但质变的变化和位移的长度是不同的,所以影响和长度是不相等的。因此我们说,质变是谈不上和位移相等的,彼此间也没有这个比那个大些或小些的问题。因此不是所有的运动都可以相互比量的。

但是这个结论如何用来解决圆和直线的问题呢?须知,如果认为一个事物做圆周运动的速度不能和另一个事物做直线运动的速度相同,而是必然有快或慢,正如一个在上升另一个在下降一样,这种想法是错误的。而且即使有人说运动必然有比较快的和比较慢的,这对于论证也无关紧要,因为圆弧线比直线长些或短些的情况是可能有的,因此也可能有相等的情况。兹解释如下。假定在时间 A 里,一个较快的事物 B 通过了圆弧 B′,另一个较慢的事物 Γ 通过了直线距离 Γ′,B′ 比 Γ′ 长些是可能有的情况,因为以前说过的"快些"就是这个意思①。因此较快的运动事物 B 就会在较短的时间内通过相等的距离,事物 B 通过圆弧 B′ 和直线 Γ′ 相等的部分,所需的时间将会是 A 的一部分,而事物 Γ 通过直线距离 Γ′ 则需要整个的时间 A。但是如果这两种运动是可以互相比量的,结果就还是像前面说过的,直线可以和圆相等。但是它们是不能相互比量的,因此这两种运动也是不能相互比量的。

①　在同样长的时间里通过较大的距离。

可以说不是同音异义词说明的诸事物是可以比量的吗？例如，为什么不能比量着说，比较"尖的"是笔头呢还是酒呢还是高音呢①？因为"尖"是同音异义词，所以这些"尖"不能比量。但是高音和次高音是可以比量的，因为这两个名词上"尖的"这个词是同一个意思。而"快的"这个词用于圆周运动和直线运动时的意思不全同吗？那么用于质变和位移时的意思就更其不同了吗？或者首先，不是同音异义词说明的诸事物就可以比量这个说法是不正确的。比如说"许多"这个词用于空气和用于水是一个意思，但是"许多水"和"许多空气"不能比量；换"双倍"这个词来说明，无论如何这个词的意思总该是同一的吧（因为它总是二比一），但是"双倍水"和"双倍气"还是不能比量的②。或者这一论证③也适用于解释"许多"和"双倍"的问题。"许多"也是一个多义词。有些词甚至连定义都是有异义的，例如假定给"许多"下定义说："许多就是如此多还要加上点"，"如此多"在不同的场合所指的数量就不同；"相等"也是一个多义词；"一"很可能一定是多义的，而既然"一"是多义的，"二"就也必然是多义的④。因而，如果说事物的属性没有分别，那么为什么有些事物可以比量有些事物却不可以比量呢？⑤

它们的不能比量是不是因为上述这些属性的直接具有者种类不同的缘故呢？可以说马和狗哪一个比较白些，它们就可以比量，

---

① 希腊文 ὀξύς 是一个同音异义词，用于笔头意思是"尖的"，用于酒意思是酒味"浓烈的"，用于音阶意思是"高音的"。

② 因为空气和水除了体积而外还有别的特性，这些特性使它们不能互相比量。

③ 对"尖的"所作的论证。

④ 因为所谓"相等"就是"一比一"。"二"就是"一"的"双倍"。

⑤ 这句话等于指出了不能比量的原因在于，有关实体的本性或结构不同。

因为白颜色的直接具有者是相同的,都是身体的表面;同样也可以说马和狗哪一个大些[①];但是水和声音不能比量大小,因为它们种类不同。很显然,根据这个说明可以认为,所有的属性都是一个含义,不能比量的原因可以说只在于具体的具有者不同,于是"相等的"、"甜的"或"白的"它们的含义也都是同一的,只是在不同的场合下具有者不同。此外,属性的能具有者不是任意的,一个属性的直接具有者只能是一种事物。

因此要使得可以互相比量,是不是不仅需要不是同名异义而还需要属性以及它的具有者也都没有种的不同呢?我所说的意思是,例如颜色有许多种,因此不能在颜色本身上比量,例如说哪一个事物更有颜色(这里不是说的某一种特定的颜色而是说的颜色这个一般的名称),但是白色的事物是可以比量的。关于运动也如此:两个事物在相等的时间里完成相等数量的运动它们就是等速度的。因此,假如在某一时间里一半长度上发生质变,另一半长度上发生位移,这个质变因此就等于这个位移,并且和它速度相等吗?这是错误的,原因在于运动是不同的种。因此,如果说在相等的时间里做了长度相等的运动的事物就是等速度的话,那么直线和圆也就可以相等了。那么直线位移和圆周位移不能说有等速度的原因何在呢?是因为位移是类不是种的缘故呢,还是因为线是类不是种的缘故呢?(时间是同一的,不必考虑在内。)如果线有种的不同,位移就也有种的不同,因为,如果运动所经的线路有若干种,位移就也有若干种。是不是还应该根据位移所用的工具不同

---

① 因为大小的直接具有者都是动物的躯体。

而有种的分别呢,例如用脚的位移是行走,用翅膀的位移是飞翔?
20 位移的不同或许不应根据工具而只根据路线的图形。因此在相等
的时间里通过同一的量的运动事物是等速度的;而这里"同一"是
说线路是同一种(因而)运动是同一种。

因此必须研究运动的种不同是怎么一回事。上面的论证表
明,类不是一个单一的东西,而是除了类本身之外还包有若干个不
同的种。当名称是同音异义词的时候,有的词所包括的各种不同
的含义之间区别很大,有的词各含义之间有某种相似,有的词各含
25 义之间或在类上或在相似比拟上关系很近,以致它们好像不是异
义。

因此,何时有种的不同呢? 是在属性相同主体不同的时候呢
还是在属性和主体都不同的时候呢? 种的不同的界限何在呢? 或
者说,我们该用什么来判断"白的"、"甜的"是同一的还是不同的
呢①? 凭它们出现在不同的主体里吗? 或者还是凭属性和主体都
不同一呢?②

再说到质变,质变在什么条件下可以说彼此速度相等呢? 假
30 定是恢复健康这个质变,可能有的人被治愈得快些,有的人被治愈
249b 得慢些,也可能同时被治愈,因此,既然质变过程经过的时间相等,
就可能有等速度的质变。但是该说它是"什么样的"呢?③ 因为在

---

① "白的"和"甜的"被用来作为上述有同音异义现象的属性的例子;并且也说过,"甜的"用于水和用于声音时不仅含义不同,而且必然有不同种的主体。

② 两个问题答案显然是一样的:属性和它的主体都不同。

③ 这个问题的意思是:在等速度的质变的定义里该用什么形容词去代替等速度的位移的定义里"通过相等的距离"中"相等的"这个形容词呢?

这里不能用"相等的"这个词,与量的范畴里"相等的"相当,质的范畴里用"同样的"这个字眼。那么我们就说"相等时间里的相同的质变者是等速度的"吧。我们应该比量影响的主体呢,还是比量影响本身呢?在这里我们所以能够比量着说,两个主体里的影响既没有"更……"也没有"不那么……"而是同样的,无疑是因为健康这个影响是同一的之故。如果影响不同,例如一个事物在变白,另一个事物在变得健康,它们之间就既没有"同一"也没有"相等"也没有"同样",并且,既然这一点直接造成质变的种的不同,所以质变也不是一个种,正如位移不是一个种一样。因此必须研究质变有多少个种,以及,位移有多少个种。如果运动主体(因本性运动的而不是因偶性运动的)有种的不同,运动就也有种的不同;如果前者有类的不同,后者就也有类的不同;如果前者有数的不同,后者就也有数的不同。但是,假定两个质变是等速度的,那么我们应该在影响里考察是不是"同一"或"同样"呢,还是应该在质变的主体里考察,(例如)变白了的是不是两个相等的量呢?恐怕还是应该两个方面都考察:凭影响是不是同一来判断质变是否"同一",凭质变主体的量是否相等来判断质变是否"相等"。

对产生和灭亡问题我们也必须作同样的研究。产生在什么条件下是等速度的?条件是:在相等的时间里两个产物相同并且属于不可分的一个种,例如都是"人",不仅都属于"动物"这一类;如果在相等的时间里变化的结果不同,产生就有快慢。我们这里用"同一"和"不同"这两个词是因为我们没有两个适当的词可用来表达产生里的不同,像用"更……"和"不那么……"表达质变里的程度不同那样。的确,如果实体是数的话,那么同种的数相比较就可

25　以有"多些"或"少些"了；但是这里既没有共同的名称①，也没有分

开的各别的名称，像"更……"表示影响的多些或超过，"大(长)些"

表示量的超过那样。

# 第 五 节

249ᵇ27　既然推动者使一事物运动总是"在……里"使它运动"到……

处"(我所说的"在……里"是指在时间里，而"到……处"着意于(例

如)所通过的距离；因为推动者在进行推动时总是已经完成过推动

30　的，因此总是有某一段距离已经被通过，有某一段时间已经被经过

了的)，因此，假设 A 为推动者，B 为运动者，Γ 为被通过了的距离，

250ᵃ　Δ 为所经过的时间，于是在相等的时间里相等的力 A 将会使半个

B 通过两个 Γ 的距离，而在半个 Δ 的时间里使半个 B 通过一个 Γ

的距离，因为这样是合比例的。

5　　假设 A 这个力使 B 这个事物在时间 Δ 里通过距离 Γ，在半个

Δ 里通过半个 Γ，那么半个 A 的力就能使半个 B 的事物在等于 Δ

的时间里通过等于 Γ 的距离。假定 E 为 A 的一半的力，Z 为 B 的

一半；E 和 Z 之间的比例与力 A 和重物 B 之间的比例相同。因此

它们就能在相等的时间 Δ 里通过相等的距离 Γ。

10　　假定 E 使 Z 在时间 Δ 里通过 Γ，其结果，E 在和 Δ 相等的时

间里必然使得等于两个 Z 的重物通过等于半个 Γ 的距离。但是，

---

①　"不同"这个词太泛泛，但是又没有一个更精确的词能概括两种关系，像质方面
"不同样"概括"更……"和"不那么……"，量方面"不相等"概括"大些"和"小些"那样。

假定 A 能使 B 在时间 Δ 里通过距离 Γ,半个 A(即 E)是不能使 B 在时间 Δ 里(或 Δ 的某一部分里)通过 Γ 的一个部分的(即使这个 部分和整个 Γ 的比等于 E 对 A 的比)。因为很有可能发生这样的 情况:E 完全不能使 B 运动,因为,整个的力推动事物做了一定距 离的运动,不见得一半的力就能使事物做某一距离的运动或者使 事物在任何一段时间里运动,因为否则一个纤夫就能够拖动一只 船了,虽然几个纤夫的合力以及他们协力拖动船所通过的距离都 能被分解成和人数相等的部分。

因此芝诺所说的"任何一颗米落下时都能发出响声"这句话是 错误的,因为完全有理由可以说,不论用多长的时间一颗小米是不 能像一梅底诺①的米落下时那样推动那么多的空气的。的确,它 甚至不能推动它在总体中时所推动的那部分空气(假定它独自个 儿推动),因为部分只能在总体的运动中潜在地起作用。

但是,如果推动者加倍,并且它们本来都是能各自使一个重物 在一定的时间里运动一个距离的,那么两个动力合在一起是能够 使合在一起的两个重物在同样长的时间里通过同样的距离的,因 为比例相同。

那么质变和增长也这样吗? 须知在增长里都有一个引起增长 者和一个增长者,并且,在一定的时间里一个事物使另一个事物增 长一个量。引起质变者和质变者也同样,也在一定的时间里在 "更……"的方向上或"不那么……"的方向上发生一定数量②的质

---

① 梅底诺(μέδιμνος)是古希腊亚狄克地方的度量单位,约为 52.23 公升。

② 从前一节可以看出,所谓"数量"在质变里是指程度。

变——时间加倍则质变程度也加倍,或时间减半则质变程度也减半,以及,在双倍的时间里使双倍的质变者发生同样程度的质变,在一半的时间里使一半的质变者发生同样程度的质变,或者在同样的时间里使一半的质变者发生双倍程度的质变。

　　虽然引起质变者或引起增长者在一定的时间里能促成一定量的增长或一定程度的质变发生,并且,在一半时间里能使一半质变者或增长者发生同样程度的质变或同样数量的增长,或者,在一半时间里使增长者或质变者发生一半数量的增长或一半程度的质变,但是并不因此就必然:一半的引起质变者或引起增长者在双倍的时间里使得质变者或增长者发生同样程度的质变或同样数量的增长,情况很可能是:它根本不能造成任何质变或增长,正如在重物的场合里不能造成位移一样。

# 第 八 章

## 第 一 节

运动是本来不存在,是在某个时候产生的,并且还会再灭亡,250ᵇ11
以致没有事物运动吗? 还是说,运动不是产生来的,也不会灭亡,
而是一向存在,并且还要永远存在下去,也就是说,这个没有灭亡
没有停止的东西是事物的固有属性,仿佛是一切自然构成的事物
的生命似的呢?

15

所有讨论过自然问题的学者都主张运动是存在的,因为世界
的构成以及事物的产生和灭亡,这些没有运动就不能发生的过程
是他们大家的研究课题。但是那些认为世界有无数个,有些在产
20
生着有些在灭亡着的学者①,主张运动是永存的(因为世界的产生
和灭亡都必须有运动才能发生),而那些认为只有一个世界的学者
(有的主张永恒的世界有的主张非永恒的世界②)关于运动问题持

---

① 原子论者留基伯和德谟克利特,还有亚里士多德之后的伊壁鸠鲁,都是持这种
主张的。

② "……只有一个世界(……永恒的……非永恒的……)"系根据特密斯迭乌的原
文 ἕνα ἢ ἀεὶ ἢ μὴ ἀεί。

有和他们各自关于世界的理论相应的主张①。

如果真的可能有那么一个时间没有任何事物在运动,情况必
25 然有两种:或如阿拿克萨哥拉所说,万物皆在一起并且无限期地静
止着,后来努斯(心灵)造成了它们的运动,并且把它们分离了开
来;或者如恩培多克勒所说,运动和静止交替着出现——当爱使多
合而为一时或者憎使一分裂为多时就是在发生运动,在合与分中
间的时间里出现静止,他说过以下的几句话:

30  　　　　只要一总是由多合成

　　　　多又反过来由一分解而发生,

251ᵃ 　　　　万物就一定是产生得来的,其生命就不能永恒;

　　　　只要这种不断的交替永无止境,

　　　　就能永远有静止周期地出现。

须知,恩培多克勒所说的"这种不断的交替"我们必须理解为:
5 反复地从一个运动过程转到另一个运动过程。因此我们必须研究
这方面的真实情况,因为认识这个问题上的真理不仅对于考察自
然的工作是重要的,而且对于研究本原的工作也是很重要的。

首先让我们以这本《物理学》的前面已经确定了的论点为根据

---

① 相信只有一个世界的学者分成三类:(1)赫拉克利特和亚里士多德本人,他们
认为世界只有一个,这个世界在时间上是无始无终的。一般认为柏拉图也是持这种主
张的,虽然他在《蒂迈欧》篇中以神话的形式描述了世界的产生。这类学者都认为运动
在时间上没有开始。(2)阿拿克萨哥拉等,他们主张现实世界是唯一存在过的世界,但
是他们又说它在时间上有过一次开始。(3)恩培多克勒,他主张一个系列的单个世界,
它们被没有世界或运动存在的间隔所分隔。(2)和(3)两类学者都主张非永恒的世界,
相应地关于运动,第(2)类学者认为运动在时间上有过一次开始,第(3)类学者认为运
动在时间上有多次开始。

来开始论述这里的问题。我们说过①，运动乃是能运动事物作为能运动者的潜能之实现。因此任何一个运动都必须有能做这运动的事物存在为先决条件。并且，即使撇开运动的定义不谈，大家还是不能否认，在每一个运动中运动着的必然是能运动的事物——例如在质变着的必然是能质变的事物，在发生位移的必然是能有位置变化的事物——因此，在燃烧之前必须先有能燃烧的事物，在引起燃烧之前必须先有能引起燃烧的事物。因此这些事物必然或者(a)原来是不存在的，是在某个时候开始产生来的，或者(b)是永恒的。

(a)如果说每一个能运动的事物都是产生来的，那么在正考察着的运动之前必然先已发生过产生能运动的事物或能推动的事物的另一变化或运动了。

(b)如果说这些事物是一向存在的，没有发生过运动。这个说法使人甚至不假思索就可以立刻感觉到它是错误的，并且，如果继续研究下去，这个错误必将变得更明显。因为，如果说有能运动的事物和能推动的事物存在，到适当的时候，就有最初的推动者和最初的被动者实现运动，此前它们只是静止着，那么事物在静止着之前必然是在运动着的，因为静止必定有过一个起因，只有运动的丧失才构成静止。因此在这个假定的最初变化之前应该还有一个先行的变化。

须知，有些事物只能在一个方向上引起运动，有些事物在对立的两个方向上都能引起运动，例如火能引起热不能引起冷，而同一

①　见第三章第一节 201ᵃ10。

知识却被认为能作对立的两个方向上的推动者。不过在前一类事物里也可以看出有某种类似对立的两方向上的作用,例如冷的事物以某种方式退走或与别的事物分离能使别的事物升高温度,正如一个有知识的人在反常的方向上使用自己的知识故意地造成错误一样。但无论如何,能造成影响的和能受影响的,或者能推动的和能被推动的事物,并不是在任何情况下,而只是在适当的条件下在相互接近的时候,才能实现这种潜能的。因此,不但要两物相互接近,而且要一物已经是能运动者另一物已经是能推动者作为先决条件存在了,那时才能一物使另一物运动起来。因此,如果说该运动不是一向就不断地在进行着的,那么显然原来的情况并不是如此的,即并不是一个能运动另一个能推动的,二者之中必有一个还正处在变化过程之中:因为相关的两事物中必有一个如此,例如一个事物原来不是另一事物的两倍,现在是它的两倍了,那么若非两个事物都曾处在变化过程中,也至少有一个是曾处在变化过程中的。因此在最初的变化之前是应该有一个先行的变化的。

此外,如果没有时间,怎能有先和后呢,而如果没有运动又怎能有时间呢? 如果说时间是运动的数或者本身就是一种运动,那么,既然时间是永存的,运动必然也是永存的。至于说到时间,除了一个人之外所有的学者都一致认为它不是产生得来的。德谟克利特也正是以此为根据证明:不可能所有的事物都是产生而成的,因为时间就不是产生得来的。只有柏拉图一个人主张时间是产生得来的,他认为宇宙是产生得来的,时间和宇宙同时生成①。于是,

---

① 柏拉图:《蒂迈欧》篇 38B。

如果说没有"现在",时间就不可能存在,也无法想象,而"现在"是 20
一个中间点,结合起点和终点于一身——一方面是将来时间的起
点,另一方面是过去时间的终点——因此,时间这东西必然是永远
存在的,因为不论所取的是多么早的一段过去的时间,它的限点总
是一个"现在"(因为在时间里除了"现在"而外是取不到任何别的 25
点的)。因此,既然"现在"是起点又是终点,那么必然在它的两边
都永远有时间存在。既然时间是永存的,显然运动必然也是永存
的,时间事实上不过是运动的一种影响而已。

同样的论证法也可以用来证明运动是不灭的。正如在运动的 30
产生问题上得出的结论是:在最初的变化之前有先行的变化那样,
在运动的灭亡问题上也如此:在最后的一个变化之后还有后继的
变化。因为当事物停止了运动,因而不再是"在运动着的",但并不
同时也就不再是"能运动的"(例如燃烧着的事物和能燃烧的事物:
虽然已经不是"在燃烧着的",仍旧可以是"能燃烧的");能推动的 252ᵃ
事物停止了推动,因而不再是"在推动着的",也并不同时就不再是
"能推动的"了。而且能灭亡者灭亡了时,它的能引起灭亡者还没
有被毁灭,还有待在更以后被毁灭,因为灭亡也是一种变化。因
此,如果那些说法[①]是不能成立的,那么显然运动是永恒的,而不
是:有的时候存在有的时候不存在——因为这样的话只能被认为 5
是荒唐的。

主张自然就是这样有时存在有时不存在的,认为这就是本原,
同样是荒唐的。恩培多克勒被认为就是持这种主张的,他说:爱和

---

① "运动是产生来的"和"运动能灭亡"这些说法。

憎必然交替着主宰一切并引起运动，在它们交替之间的时间里有
静止。那些像阿拿克萨哥拉那样主张一个本原的学者或许也是持
的这种主张。但是自然产生或按照自然活动的事物没有一个是没
有秩序的，因为自然正是万物秩序的原因。但无限者和无限者没
有任何比率关系，而任何秩序都意味着有比率关系。先是无限期
地静止着，后来在某个时刻开始了运动①。但是在无限的时间里
无法清楚地区别"现在"和以前，所以这里没有任何秩序，因此不能
再说这是自然的活动了。因为自然的事物或者绝对地怎样，而不
是有时这样有时那样——如火自然地向上位移，而不是有时向上
有时不向上——或者不是绝对地怎样，而是遵循一定的比率。因
此还是恩培多克勒以及任何和他有同样主张的人说得比较好：宇
宙万物交替地静止着再运动着，因为在这个说法里万物已经有了
一个秩序。但是提出这个主张的人应该不仅提出这个主张，而且
还应该指出其原因，或者说，他应该不只是提出一个空的假说，而
是还要进行归纳的或演绎的论证。因为恩培多克勒所假定的爱和
憎本身还不是交替的原因，爱的活动和憎的活动也不是交替，爱的
作用是合，憎的作用是分。如果他继续说明这种交替就必须举出
实例来，正如他所说的：有一个使人们结合起来的东西，那就是爱，
相反，有恶感的人们总是彼此回避；于是他根据在某些场合如
此，主张在一切场合皆如此。他还得论证，为什么爱和憎起作用的
时间相等。但是，根据某些场合下总是如此或总是如此发生，就认
为可以上升到一般的意义上说这是本原，是错误的。德谟克利特

---

① 阿拿克萨哥拉的观点。前见于 250ᵇ24。

把说明自然的诸原因归结为：事物以前就是如此产生的；他之所以 35
在某些个别的问题上的说法是正确的，但是在一般性的问题上的 252ᵇ
说法是错误的，就是因为他没有重视研究这个"总是"的本原。例
如直角三角形的诸角之和总是等于两直角，这个永恒的真理还有
自己的原因；但是本原是永恒的，是不能另外再有自己的原因的。 5

　　因此，从前不曾有过将来也不会有任何时间是没有运动的。
关于这个问题就说这些吧。

# 第 二 节

　　与此相反的论点是不难驳斥的。人们认为运动能够原来完全 252ᵇ7
不存在而在某一个时候开始存在，他们所根据的主要理由似乎应
如下述。(1)没有一个变化是永恒的，因为任何变化都自然地由一 10
事物变到另一事物，因此必然，任何变化都有自己活动的两个相互
对立的限，没有任何一个事物能无限地运动。(2)我们可以看到，
一个不在运动着的也不是在自身内有任何运动的事物能够运动。
例如无生物，一个静止着的无论就其任何部分而言还是就其整体 15
而言都不在运动着的无生物，能在某一个时候运动起来。如果运
动不是从无到有产生得来的话，事物就应该或者永远运动着或者
永远不运动。(3)在生物界这种情况尤其明显。例如我们人，有时
在我们体内没有任何运动，即静止着，我们在某一个时间内还是在
运动着，也就是说，有时在没有任何外在事物推动的情况下，我们 20
在自身内自己使自己开始运动。在无生物界我们看不到这种情
况，我们看到的总是有一个外在的它事物在推动它们，而动物则是

自己推动自己。因此,如果一个动物在某个时候是完全静止着的,
运动就能在一个不动的事物里因这个事物自身(不是因外在的事
物)而产生。如果这种情况能够发生于动物,为什么不能一样地发
生于一切事物呢? 须知,既然能在小宇宙①里发生,就也能在大宇
宙里发生;既然能发生在宇宙里,也就能发生在无限里,如果整个
的"无限"能够运动或静止的话。

　　(1)上述第一个说法:趋向反对的两个方向的运动不始终相
同,在数上也不是一个②——这是一个正确的说法。因为,如果相
同的一个事物它的运动能够不永远是相同的一个的话,那么这个
说法或许还是一个必然的结论。我的意思是,譬如,同样的一根弦
作相同的振动时所发出的音是相同的一个音呢还是一个个永远不
同的音呢? 但是,无论答案是哪一个,反正可以有一种运动因连续
和永恒而同一。这一点在以后可以看得更明白③。

　　(2)如果有时有外来的事物推动,有时没有外来的事物推动,
那么原来不在运动的事物在某一时候运动起来是没有什么奇怪
的。但是还必须研究,怎么会这样的呢? ——我是说的,同一能推
动者怎么会有时推动一事物运动,另一个时候又不推动它运动了
呢? 因为提出这个反对主张的人无非是有一个疑问,即为什么静
止的事物不永远静止,运动的事物不永远运动呢。

　　(3)似乎最困难的问题是第三个:以动物身上的现象来证明,
动物体内原来没有运动,后来产生了运动。因为表面上原来似乎

---

　　① 德谟克利特把人叫做小宇宙。
　　② 因为运动有了方向的改变。改变方向时运动必然会发生中断。
　　③ 见本章第八节。

静止的动物以后在行走,虽然没有任何外来的事物推动它。但是这个说法是错误的。因为我们看到动物体内一直有一个器官在运动着,但是这个器官运动的原因不是动物自身,而(或许)是环境。我们说一个动物自身推动自身运动,不是指的所有的运动,只是指的空间方面的运动。因而可能(或许宁可说,必然)动物体的许多运动都是在环境的推动下产生的,其中有一些再引起心愿或欲望动作,心愿或欲望再推动整个的动物运动。动物睡眠的情况正是这样的:这时动物体内虽然没有任何可以看得见的运动,但事实上是有某种运动的,所以动物才能从睡眠中醒过来。但是这个问题也要在以后才能解释明白。①

# 第 三 节

这里的研究将再从上述的问题开始②,即,为什么有些事物一个时候在运动另一个时候又静止着?

下述三种情况必居其一:或(1)所有的事物都永远静止,或(2)所有的事物都永远运动,或(3)一些事物运动另一些事物静止;最后这一种情况又有三种可能的说法:(a)动者常动静者常静,(b)所有事物按自然都同样地既能运动也能静止,还有剩下的第三种可能:(c)一些事物永远不运动,另一些事物永远运动,再一些事物能在运动和静止两种状态间转换。我们必须接受这末了的一种说

① 见本章第六节 259$^b$5 以下。
② 见 253$^a$5。

法,因为只有这个说法能解决所有的疑难,并使我们的这个研究课题能得到结果。

(1)主张所有的事物都静止,并在不顾感性知觉的情况下为这个主张寻求证明,这是智力贫弱的一种表现。并且,这个主张不是仅仅对这个特殊问题而是对整个自然哲学的非议,而且也不是仅仅和自然哲学家之间的分歧,而是对几乎所有的科学,甚至所有科学的所有见解的非议,因为它们全都和运动有密切的关系。其次,恰如在数学的论证中对否认有数学原理的主张,数学家可以置之不理一样(其他的科学也同样),对这里的这个主张自然哲学家也可以不去理它,因为作为自然哲学基础的假设就是:自然是运动的本原。

(2)认为所有事物都运动的说法也是一种近于错误的说法,但是对于研究自然问题抵触还不大。因为,虽然在本书论自然的部分已经提起过:自然正如是运动的本原一样,也是静止的本原①,但应该说:更合自然的比较起来还是运动。尤其是有些人的主张不是说的有些事物运动,有些事物不运动,而是说的所有的事物都运动,而且永远在运动,虽然有些运动我们的感官感觉不到②。虽然提出这种主张的人并没有明确指出说的是哪一类运动,或者还是一切种类的运动③,但这个问题是不难解答的。因为增的过程和减的过程不能无限地进行下去,而是也有转折点。这道理(打个

---

① 见 192ᵇ21。

② 古代注释家有的认为这里是说的赫拉克利特的主张,有的认为是说的原子论者的主张。

③ 即:说的单是空间方面的运动呢,还是包括性质变化和增减呢?

比方)很像一股水冲走石块或长出的植物破开岩石那样:因为,如果一股水流能冲走或挪走一个一定大小的石块,并不意味着在一半时间里先冲走了石块的一半,而是正如把船拖上岸的情况那样,一定量的水推动一定量的石块,这股水的一部分在无论多长的时间里也不能推动这个量的石块。因此,虽然被挪走的量可以被分 ⁲⁰小成许多部分,但其各部分都不是分离着被挪走的,而是一起被挪走的。因此可见,减的过程并不因为所减的量可以无限地被分,因此就必然是以永远不断地有该量的某一部分离去的事实出现,事实上是在某个时候整个儿离去的。质变(无论什么质变)也是这样:虽然质变着的事物可以无限地分小,但并不因而质变本身也就能无限地分小,质变常常是在整个质变者上一道发生的,就像结冰 ⁲⁵那样。再如一个人生了病以后必然会出现一段康复的时间,变化必然不是在时间的限点上进行的;并且变化一定是趋向健康而不是趋向别的什么。因此主张质变是无限连续的说法是一种对明显 ³⁰事实的过分的怀疑,因为质变是从一个方面趋向对立方面的。此外,石头既不会变得更硬也不会变软。就位移而言,如果有人不承认石头由上而下是在运动,在地上是静止着,那是一件怪事。其次,土以及其他自然体由于必然性静止在各自特有的空间里,只有受到外力强制时才运动着离开这些空间;既然自然物体有的是在 ³⁵各自特有的空间里,所以必然,就空间方面而言,不是所有事物都 ²⁵⁴ᵃ在运动着。根据这些以及别的一些诸如此类的论述可以相信,所有事物都永远在运动着,或所有事物都永远静止着,是不可能的。

(3)但是(a)一些事物永远静止着,另一些事物永远运动着,而没有任何事物是有时静止有时运动的,这也是不可能的。正如根 ⁵

据前面所说的理由那样,根据下面的理由我们也必须认为这是不可能的,因为我们看到上述变化发生在同一事物上;其次,否定有些事物能由运动转到静止和由静止转到运动的人是在竭力反对明10 摆着的事实。因为,如果原来静止着的事物不能被迫运动起来,那么也就不会有增长和强制性的运动了。因此这个理论是和产生与灭亡的现象势不两立的。其次,运动一般地被认为近乎产生和灭亡。因为事物变化之所趋向者(或目的处)是在产生,而变化之所15 由起始者(或出发处)是在灭亡。因此显然,有些事物暂时地在运动着,有些事物暂时地静止着。

现在必须谈到(b)所有事物都有时静止有时运动这个主张,并把它和前面刚刚所作的论证连在一起研究。我们必须再从这一节开始时所区分的各种可能情况出发。或者(1)所有事物都静止,或者(2)所有事物都运动,或者(3)有些事物静止有些事物20 运动着。并且,如果(3)一些事物运动另一些事物静止,那么必然,(b)或者所有事物都有时静止有时运动,(a)或者有些事物永远静止有些事物永远运动,(c)或者有些事物永远静止,有些事物永远运动,再有些事物是有时静止有时运动。前面我们已经说过,现在再说一遍:(1)所有事物都静止是不可能的。因为,即25 使某些人所说"存在是无限的和不动的"这一主张①是正确的,但是凭感官仍然可以看到,事实不是这样的,而是许多事物都在运

———————————

① 麦里梭的主张。见 184ᵇ16,185ᵃ32。

动着。如果确有错误的意见（或者任何意见）存在①的话，那么就有运动存在了。还有，如果有想象，又，如果可以意识到它们都是这个时候是这样的，另一个时候又是另一个样的话，就有运动存在了。因为想象和意见也被认为是一种运动。但是说实在话，研究这个说法并且硬是去为那些我们不应该为它要求证明的事情寻求证明，这等于在混淆好的和坏的，可信的和不可信的，公理和非公理。同样，(2)所有事物都运动，或者，(3a)有些事物永远运动，有些事物永远静止，也是不可能的。只要一个证明就足以驳倒所有这些主张，这就是，我们看到有一些事物一个时候是在运动着，另一个时候是静止着。因此可见，所有事物都静止和所有事物都无限地运动这两种主张和有些事物永远运动有些事物永远静止的主张一样是不可能的。到此剩下的工作就是研究，(3b)所有事物本来就能有时运动有时静止呢，还是(3c)，有一些事物是有时运动有时静止的，另外，还有一些事物是永远静止的，还有一些事物是永远运动的呢？最后这一种主张是我们必须证明其正确的。

# 第 四 节

推动者和运动者都有两类：一类是因偶性推动的，因偶性运动的；一类是因本性推动的，因本性运动的——凡因属于直接推动者或属于直接运动者的，以及作为部分包括在直接推动者或直接运

---

① 这是麦里梭和埃里亚学派的其他学者都可以承认的事实。〔埃里亚学派将认识分为真理和意见两类，真理是认识不动的存在的，意见是认识变动的事物的，这是和真理相反，是错误的。〕

10　动者中的,是因偶性的推动者和因偶性的运动者;凡不是因属于直
接推动者或直接运动者,也不是作为部分包括在直接推动者或直
接运动者中的,这样的推动者和运动者是因本性推动和因本性运
动的。

　　因本性运动的这类运动事物,有的是被自身推动着运动的,有
的是被别的事物推动着运动的;从另外的角度分,运动事物有的是
15　自然地运动的,有的是被迫地即反自然地运动的。被自身推动的
运动者是自然地运动的,例如,动物都是被自身推动着运动的,还
有自身内含有运动根源的事物,我们说也是自然地运动的。一个
动物作为整体是自然地自己使自己运动,但其躯体则既能自然地
20　也能反自然地运动:完全视运动者碰巧正在进行什么运动,以及运
动体是由什么元素构成的而定①。被别的事物推动的运动者,有
的自然地运动,有的反自然地运动,如由土构成的事物向上、火向
下都是反自然的。还有动物的四肢常常反自然地运动,如果四肢
25　在运动时所放的位置反常或运动的方式反常的话。运动事物是被
某一事物推动着运动的,这个事实在那些反自然地运动着的事物
里表现得最为明显,因为在这里明明白白的事实是,运动在被一个
另外的事物推动着。明显程度次于反自然的运动事物的是自然地
运动着的事物中被自己推动的那一类事物,如动物,因为这里所不
明显的不是:运动是不是被某一事物推动的,而是:应该如何区别
30　它的推动者和运动者;正如在船以及其他非自然构成的事物里那

---

　　①　例如跳跃运动,对于一个动物的整体而言是自然的运动,但对于动物躯体而言
则是不自然的运动,因为它是土构成的,有自然地向下的趋势。——英译本注

样,在动物身上推动者和运动者也被认为是分开的,只有动物的整体才能被认为是自己使自己运动的。

最难看清的是上面辨析时剩下的一类。在被别的事物推动的运动事物中,反自然地运动的那一部分我们已经论述过了,剩下尚 35 待论述的是与之相反的一部分事物,即自然地运动的事物。而判断它们是被什么推动着运动的这个问题的困难应该就出现在这部 255ª 分事物上,如轻的事物和重的事物。这些事物虽然在向与自己固有的空间相反的方向运动时,是在做强制的运动,但在向固有的空间运动时——轻的事物向上、重的事物向下时,是在做自然的运动;但它们的自然运动是什么事物推动的,这个问题尚未明白,正 5 像它们在做反自然的运动时是被什么推动的,还没有弄明白一样。

须知,说它们被自己推动是不行的。因为这是动物和有生命的事物所特有的,并且,如果它们能自己使自己运动的话,也就应该能自己使自己停下来(我的意思是例如:一个事物既然自己是自己行走的原因,就理应也是自己不行走的原因)。因此,假定火能 10 使自身作向上的位移,显然就应该也能使自己作向下的位移。其次,既然它们是自身使自身运动,那就没有理由说,被自身引起的运动只有一种①。再说,一个连续的事物以及因本性相同而聚集在一起的事物如何能自己使自己运动呢? 因为只要事物是一个并且是连续的(不是靠了接触),它就不能受自身影响;事物只有是可分别开的,才可能一部分施加影响另一部分受影响。因此,这里所 15 说的这些事物没有一个能自己使自己运动(因为都是因本性相同

---

① 如土只向下、火只向上。为什么它们不使自己也向别的方向运动呢?

而聚集在一起的），其他的连续事物也没有一个能自己使自己运
动，在任何场合下推动者和运动者都必须是分开的，正如在一个生
物使无生物运动的时候我们看到它们是分开的那样。事实上这些
20 事物永远是在被一个事物推动着运动的；如果我们弄清楚了运动
的原因，那么就可以明白这个推动者是什么了。

　　对推动者也可以作上述区分：有些推动者是反自然地推动，如
杠杆能撬起重物是不自然的；有些推动者能自然地推动，如现实上
热的事物能使能变热的事物自然地变热；别的变化中的推动者也
25 这样①。潜在地能有某种质或能有某种量或能在某处的事物也同
样能自然地运动，如果这个事物在自身内含有相应的运动根源并
且不是因偶性的运动者的话（因为这同一个事物很可以既在作某
种质变，同时又在作某种量变，但是其中的一个变化是另一个变化
者的偶性而不是它的本性）。所以当火或土在反自然地被某一事
30 物推动时，运动是强制性的，当它们开始实现原已潜在于它们里面
的固有的运动时，运动是自然的。

　　"潜能"这个术语有不同的含义，这就是为什么看不清有潜能
的事物是被什么推动着运动的（如火向上运动、土向下运动）原因。
一个正在学习的人能掌握知识和一个人已经有了知识但不在用它
35 作判断，这两种人有不同的"潜能"。无论什么时候只要能主动者
255ᵇ 和能被动者在一起，就有潜能在实现，例如，一个正在学习的人从
原有的潜能发展到有另一个潜能，因为一个已经有了知识但不在
用它作判断的人也是某种意义上的"能有知识者"，但这个"能"不

---

　　①　行文到此一断，下面文字显然应并入下一段。

同于他在学习前的"能"。当一个人已经具有了这种第二级的潜能时，如果没有什么东西妨碍的话，他就会实现它，用它来进行思考判断，否则他就是处在相反的状况下，即仍然没有知识。自然物也 5
有这种同样的情况，如冷的事物是潜能的热，在它变热了之后就有火了，如果没有什么障碍的话，它就会燃烧。重的事物和轻的事物也有同样的情况：轻的事物由重的事物产生，如气由水产生；起初水只是潜能地轻，后来气已是现实的轻了，并且，如果没有什么妨 10
碍的话，将立刻实现新的潜能；轻的事物的潜能的实现应该出现在一定的空间里，即在上面，当它处在相反的空间里（即下面）时，它就是正在受到阻碍。一定量的事物和一定质的事物也有与此相同的情况。

　　但是还需要探究一个问题，即轻的事物和重的事物究竟为什么总是要往它们各自特有的空间里运动呢？原因在于：它们本性 15
就是有方向的，并且，它们"是轻的"或"是重的"正是凭向上和向下来确定的。如已经说过的，事物能在两种不同意义的潜能上是轻的或重的；不仅当它是水的时候，它是某种意义上的潜能的轻者，而且当它变成气的时候，它仍然可以是潜能的轻者，它很可能由于 20
受到阻碍之故还不在上的空间里，但是，如果障碍撤除了，它就会实现潜能，就会不断地上升。同样，能有某种质的事物也会向现实上有该种质的事物转变，正像获得了知识的人，如果不遇到什么障碍的话，就会紧接着使用知识作判断一样。同样，能有一定量的事物，如果不遇到什么限制的话，它就会伸展到应有的量为止。原来被支撑着的事物被阻碍着的事物在挪掉支柱和障碍后的运动，在一种意义上说是挪掉支柱撤除障碍的人推动的，在另一种意义上 25

说不是这个人推动的,例如一个拖走支撑重物的支柱或者搬掉把皮囊压在水里的石块的人使重物下落和皮囊上浮就是如此:因为他是因偶性的推动者[1],正如一个碰到墙壁的球弹回来,这个运动的真正推动者不是墙壁,而是投掷这个球的人一样[2]。因此这些事物没有一个是自己使自己运动的,这是很明显的;但是它们在自身内包含运动的根源,不过不是推动(或主动)的根源而是被动的根源。

　　既然所有运动事物都或自然地运动着或不自然地(即强制地)运动着;又,被强制着运动的(或者说不自然地运动着的)事物都被一个推动者推动着,而且这个推动者是一个另外的事物;而所有自然地运动着的事物也有一个推动者推动着:其中有些事物是被自身推动的[3],有些事物不是被自身推动的(如轻的事物和重的事物:或是被产生它们并使它们变重或变轻的事物推动的,或是由撤除障碍者所推动的),因此任何运动着的事物应该都是在被一个推动者推动着运动。

# 第 五 节

　　有两种情况:推动者或者是指真正的推动者,或者不是指真正的推动者,而是指另一事物,即一个自身也被真正的推动者推动的

---

　　[1]　重物下落的真正推动者(根源)是内在的向下的倾向,皮囊上浮的真正推动者是内在的向上的倾向。
　　[2]　墙壁只是一个因偶性的推动者。
　　[3]　如动物。

事物；而真正的推动者又或者直接跟着被动的事物，或者通过一系列的中介而及于被动事物；例如棍棒拨动石块，自身又被手所挥动，手又受人所支配，而人不能再说他是被别的事物推动的了。因此我们说，最后的推动者和第一个推动者这二者都推动被动事物运动，但两者比较起来，尤其应该说是第一个推动者在推动，因为它推动最后的推动者，而不是被最后的推动者所推动，并且，没有第一个推动者，最后的推动者不能推动，但如没有最后的推动者，第一个推动者可以推动，例如，假使人不挥动棍棒的话，棍棒是不能拨动石块的。

因此，如果说每一运动事物都必然是在被某一事物推动着运动，这推动者又必然或再被另一事物所推动或不再被另一事物所推动，并且，如果再被另一事物推动的话，必然有一个自身不被别的事物推动的第一推动者，而如果直接推动运动者的正是一个这样的第一推动者的话，就不必再有别的推动者了。（自身也被别的事物推动的推动者为数无限是不可能的，因为无限的事物里是说不出哪一个第一的）——因此，如果任何运动事物都是被某一事物推动着运动的，如果第一个推动者不是被别的事物推动着运动的，那么它必然是被自身推动着运动的。

这同一论证还可以表述如下。任何推动者不仅都推动一个事物而且都可以通过一个事物作为工具去推动它。因为推动者总是或者自身直接地推动，或者通过另一个事物来推动，例如一个人，或自身直接地推动或用棍棒来推动，又如风，或者直接吹落一个事物，或者通过被它所吹动的石块去打落一个事物。离开了自身直接推动的那个推动者，作为工具的那个事物要进行推动是不可能的;可是,如果推动者自身直接推动的话,那么就不必要有另外的那个事物,即推动的工具了,而如果有另外的那个事物,即推动的工具,却必定有不是靠别的事物推动而是自身直接推动的这种事物存在着,否则那种被动的推动者就会为数无限。因此,如果是被动的事物在推动,那么这种现象必定有一个终止而不可能是无限

30  的。例如棍棒靠了手挥动而使别的事物运动,手使棍棒运动;如果再有别的事物使手动的话,就还有别的事物作为手的推动者了。因此,如果不断地有一个又一个的事物以某一事物为工具推动,那么在所有这些工具之前必然先有一个自身直接推动的推动者。因此,如果这个最先的推动者在运动着,并且没有别的事物在推动它的话,那么它必然是在自己推动自己。所以用这个论证法也可以

256ᵇ 得到这样的结论:运动着的事物或者直接被一个自我推动的推动者所推动,或者隔着一定数量的中介被一个这样的推动者推动。

　　除了上述诸论证法而外,用下述的方法来讨论这个问题也可以得到同样的结论。我们说,如果任何运动事物都是在一个自身

5  也被别的事物推动的事物推动下运动的,那么,或者(1)这是因偶性的,因而,虽然推动者推动的时候总是自身同时也在被推动着,但运动事物的运动并不永远都是因为推动者在被推动的缘故,或者(2)这是因本性的。但是如果说这是(1)因偶性的,那么运动事物就不必然在运动着。可是假如这样的话,那么显然就可能出现没有任何事物在运动着的时间。因为因偶性的东西不是必然存在

10  的,是有可能不存在的。因此,如果我们假设可能的情况实际出现,那么由此引申出来的结论就没有什么是不能成立的了,虽然这也许是一种杜撰。运动不存在是不可能的,因为前面已证明过了:

运动必然永远存在。

〔注：256ᵇ13—27 这段文字移到本节末〕　　　13

但是，如果说(2)推动者也在被别的事物推动着运动，这是出 27
于必然而不是因偶性的，因而，如果它不被推动，它也就不能推动，
那么推动者只要是在运动着①，它的运动和它所引起的运动就必 30
然或者是同一种或者不是同一种，我所说的意思是：前一种情况则
譬如引起热的事物自身也在变热，正在替人治病的医生自己也在
被医治，引起位移者自身也在作位移；后一种情况则譬如正在替人
治病的医生在位移，引起位移者在增长。显然都是不行的。因为
如果说两个运动同种，那么就必须采用小得不能再分的运动种，例 257ᵃ
如几何学教员在教某一几何定理，他也就必须正在学习这同一定
理，一个人正在抛扔某一物，他也就正在被以同一方式抛扔；如果
说两个运动不同种，就应是一个运动出于另一个运动，例如引起位 5
移的事物自身正在增长，而使它增长的那个事物自身正在被别的
事物引起质变，这个引起质变的事物自身又在做某种别的运动。
但是这个序列必有断的时候，因为运动的种类是为数有限的。假
定这个序列可以循环，可以继续说引起质变的事物在位移，那么就
也可以直接地说引起位移的事物自身也正在位移，讲授的人自身 10
也正在学习所讲的内容了。因为很明显，任何一个运动事物的运
动也可以说是被直接推动者以前的推动者引起的，并且愈前愈有
资格被说成是推动者。但当然这是不行的，因为教必然意味着已

① 希腊文动词被动语态和自动语态形式相同，所以在这里"运动着"就是"被推动着"或"被推动着运动"。

具有知识,学意味着尚不具有知识,而这里把它们同等看待了。

15　　如果再作下述推论就更错误了:既然任何运动事物都被一个自身也在运动的事物推动,那么任何一个能推动者就也都是能运动的,这正如说,任何能替人治病的(包括正在替人治病的)人都是

20　能被治疗的,能建造房屋的人都是能被建造的一样,或直接地如此或间接地如此(所谓间接地如此,我是假设的任何能推动者皆能被别的事物推动着运动,但它所能做的运动和它给相邻的事物所造成的运动不是同一种,例如能替人治疗者能被教,但是如上所述,这到一定的时候还会循环到同一种运动)。到此可见,直接如此是不行的,间接如此也只是杜撰而已。因为要说一个能引起质变的

25　事物必然是能增长的,这是荒诞无稽的。

　　因此运动事物不必然被一个又一个无限数的自身也被别的事物推动的事物所推动,这个链条会有一个终端。因此,第一个被动的推动者或者被静止的事物推动或者被自身推动。如果需要讨论,被自己推动的事物和被别的事物推动的事物,这两者之中哪一

30　个是运动的原因或者根源这个问题的话,那么大家都会公认是前者。因为作为原因者通常总宁可说是自己靠自己运动的那个事物,而不会说是自身也靠别的事物才能运动的那个事物的。

　　因此必须重新开始来讨论这个问题:如果说一个事物自己使自己运动的话,那么它是如何使自己运动,使自己以什么方式①运

---

　　①　"如何"是问事物整个儿地作为推动者和被动者呢,还是一部分(或者说一个因素)作为推动者,另一个部分(或者说另一个因素)作为被动者呢?

　　"以什么方式"是问的同一种运动里的哪一种方式,如在位移中,是向上呢还是向下呢?

动呢？任何一个运动事物必然都是无限可分的，因为在前面总的
论述关于自然时已经证明过①，任何因本性运动的事物都是连续 257ᵇ
体。自身使自身运动的推动者整个儿地自身使自身运动是不行
的，因为，既然它是在种上不可分的一个，它就会整个地作（和推
动）同一种方式的位移，或者整个地发生（和造成）同一种的质变，
因此教的人就会同时在被教，医治别人的人自己也在被作同一种 5
治疗。再者，已经肯定过②，运动着的是能运动的事物，能运动的
事物是在潜能的意义上在运动，而不是在现实的意义上在运动，潜
能意义上的运动者正处在走向实现的过程中，运动是能运动者的
未完成的实现。相反，推动者是已经实现了的，例如引起热的事物
自身必然已经是热的，一般地说，引起产生者必然已具有产生者的 10
形式。因此，由于推动者和被动者是同一事物③的缘故，就会出现
这样的情况：同一事物既是热的同时又是不热的。在其他的场合
也同样，只要推动者和被动者同名。因此，如果是自我推动的话，
情况必然是：事物的一部分为推动者，另一部分为被动者。

　　但是这种自我推动的意思不是说这事物的两部分彼此互为推
动者。兹阐明如下。如果是两个部分彼此相互推动的话，那么就 15
不可能有第一推动者了。通常总是这样：在一连串的推动者中次
序愈前的（和顺接着被动者的推动者相比）推动者愈应该是运动的
原因，愈有资格被说成是推动者；因为，"推动"有两种含义，相应的
"推动者"也有两种：一是自身也被别的事物推动的推动者，另一是

----

① 指第六章第四节 234ᵇ10 以后。
② 本章第一节 251ᵃ9 以后。
③ 假如事物整个地作为推动者和被动者的话。

20 被自身推动的推动者；推动者离被动者愈远，离运动根源就愈
近①。其次，推动者除了被自身推动而外也不必然被推动，因此，
另一部分反过来推动只是偶然的。于是，如果不考虑这种偶然情
况，就会一个部分是被动者，另一个部分是不能运动的推动者。再
25 说，推动者并不必然反过来被推动，相反，既然必然永远有运动，推
动者就必然或是不能运动的，或是被自身推动的。再其次，就会因
此②有事物受自身所引起的运动了，如产生热的事物在受热。

　　但是事实上第一个自我推动者不可能自身内再包括自我推动
30 的部分（无论一个还是若干个）。兹说明如下。如果事物整体被自
身推动，那么它就会或者被自身的某一部分推动或者被自身整体
所推动。如果事物的自我运动是靠了它的某一个部分的自我运动
的话，那么第一自我推动者就应该是这个部分了，因为，如果这个
部分离开了整体，它还是能自我推动的，但是其整体却不能再自我
推动了。如果是整体被自身整体推动，那么这些部分的自我推动
258a 就只是偶然的了。因此，既然不是必然的，我们就可以假定它们不
被自身推动。

　　因此结论是：整体事物的一部分只推动而不能运动，另一部分
只被推动，因为只有这样才可能有事物自我运动。

　　再说，既然整体自我推动，就可以说它的一个部分使它运动，
5 另一个部分只被动；因此 AB 被自身推动，就也可说是被 A 推动。
既然推动者有两种：一种是自身也被别的事物推动的，一种是不能

---

①　但是如果说两个部分相互推动的话，就没有办法确定推动者的先后次序或它
们离被动者的远近，因此就无法确定哪一个是第一推动者了。

②　前提还是：如果两部分互相推动的话。

运动的;被动者也有两种:一种是自身也推动,另一种是自身完全
不推动的;自我推动者必然由两个部分构成:一个部分只推动而自
身不运动,还有一个部分被推动,而不必然推动,但偶然推动。假
定 A 只推动而自身不运动,B 被 A 推动,自己又推动 Γ,Γ 被 B 推
动,自身不再推动别的任何事物(虽然也可以经过更多的中间环节
再达到 Γ,这里暂定只经过一个环节)。于是 A B Γ 作为一个整体
自我推动。但是,如果把 Γ 从这里拿掉,A B 能自我推动——A 推
动,B 被动——而 Γ 不能自我推动了,完全不能运动了。B Γ 离开
了 A 就不能自我推动,因为 B 的推动是靠了别的事物的推动,而
不是靠了自己内部的某一个部分的推动。所以只有 A B 自我推
动。自我推动的事物必然有两个部分:一个不能运动的推动部分
和一个被推动的部分,不必然再有什么别的事物受它的推动,两个
部分或相互接触或其中的一者去接触另一者[①]。因此,如果推动
者是连续的——被动者必然是连续的——那么显然,整体自我推
动,不是靠了它的某一部分能自我推动,而是在作为一个整体使自
身运动,由于自身内包括了推动者和被动者因而既被动又推动。
不是整体推动也不是整体被动,而是仅 A 推动仅 B 被动;但不再
有 Γ 被 A 推动了,因为这是不可能的[②]。

　　但是有一个问题:如果从 A 里(假设这个自身不运动的推动

10

15

20

25

---

　　①　如果推动的部分是非物质性的,那么就是它去接触被推动的部分,不能反过来
说被动者去接触它。见《论生灭》323ᵃ25。

　　②　"但不再有 Γ……这是不可能的"这几句话在许多本子上是没有的。辛普里丘
认为,如果这几句话不是伪文的话,那么它的意思是说:AB 已经构成了一个完整的自
我推动的体系,再加上 Γ 是多余的。因为 B 可以有也可以没有 Γ 受它推动。

30 者是一个连续体)或者从被动的 B 里拿掉一点什么,那么 A 剩下的部分是否还能推动,B 剩下的部分是否还能被动呢? 如果是照旧那样的话,AB 就不能算是"第一"被自身推动的运动者了,因为从 AB 里拿掉了点什么以后,AB 的剩余部分仍然能自我推动。或

258b 者说没有什么妨碍在潜能上推动者和被动者(或者仅被动者)是可分的,但在现实上是不可分的;因为如果可分的话,事物就会失去自我推动的能力了。因此完全不妨碍,第一自我推动的运动存在于潜能上可分的事物。

5　　至此可见,第一推动者是不能运动的。因为一个被某一事物推动的运动者,它的推动者可以或者直接上溯到一个不能运动的第一推动者,或者上溯到一个能自我推动也能使自己停止运动的推动者①,无论哪一种情况,结果都是:任何运动事物的第一推动者都是不能运动的。

256b13　　这个结论是合理的。因为运动中必然有三种事物:运动者、推
15 动者和推动的工具。运动者必然被推动,而不必然推动;作为推动工具的事物既推动又被推动(它和被动者一起作同一进程的变化;这在空间运动上可以看得很清楚,因为工具和被动者必然有某部
20 分相互接触);推动者不像推动的工具那样,它只推动而自身不能运动。既然我们在运动中的一连串事物里看到有一个最后的事物,即一个能运动但不具备运动根源的事物,也看到有一个被自身而不是被别的事物推动着运动的事物,那么我们主张还有第三种
25 事物,即只推动而不被推动的事物存在,也是很合理的(我们姑且

---

① 例如一个自我推动的动物。

不说是必然的）。因此,阿拿克萨哥拉既然把心灵看作是运动的根源,那么他说心灵是不受影响的也不是混合的,就也是说得对的了:只因为它是不运动的,所以它才能推动运动,只因为它不是混合的,所以它才能支配运动。

# 第 六 节

既然运动必然永远存在而无中断,那么必然有一个或多个永恒的不动的第一推动者。是否每一个不动的推动者都是永恒的,这个问题和这里的论证没有什么关系,这里要论证的是:必然有一个自身不能感受任何外来变化（包括因本性的变化和因偶性的变化）但能推动别的事物运动的东西存在着。

就假设（如果有人打算这样的话）有些事物——虽然没有产生和灭亡——能有时存在有时不存在[1]（事实上,如果有某一个不可分的事物是有时存在有时不存在的,那么所有的这样的事物都有时存在有时不存在——虽然不经历任何变化过程——是必然的）[2]。再假设有一些自身不动但能推动的根源一个时候存在另一个时候不存在也是可能的。但绝不可能是,所有这样的根源都一个时候存在另一个时候不存在。因为很明显,必须有一个引起自我推动者一个时候存在另一个时候不存在的原因。因为,既然

---

① 亚里士多德认为,动物的灵魂是一个自身不动的推动者,但它的存在是暂时性的（虽然它们没有产生和灭亡）,因而不是永恒的。虽然如此,但还是必然有一个永恒的自身不动的第一推动者。

② 因为正如在第六章第四节所论证过的,任何能变化的事物都必然是可分的。

25 不可分的事物都不运动,虽然自我推动者作为一个整体必然有量,
但是我们从未说过所有推动者必然全都有量。因此有些事物在产
生有些事物在灭亡,并且是在连续地进行着,引起这种连续过程的
原因绝不可能是任何一个自身不动但却不是永恒存在的事物,也
不可能是任何一组这样的事物,其中的一些总是引起一些事物的
30 运动,另一些总是引起另一些事物的运动。这种虽然自身不动但
不是永恒的推动者,无论是任何一个单独地也无论是全部在一起,
都是不能作永恒的连续过程的原因的。因为,这种因果关系是永
259ᵃ 恒的和必然的,而那种不动的但不永恒的推动者是总数无限的并
且不是全部在一起的。因此显然,如果说有一些自身不动的推动
者,还有许多自我推动者,在无数次地灭亡着又产生,又如果说一
个自身不动的推动者在推动着一个事物运动,另一个自身不动的
推动者在推动着另一个事物运动的话,终究还得有一个这样的事
5 物:它包括全部上述推动者,并且不是其中的任何一个,它是一些
事物存在另一些事物不存在以及连续变化的原因;它是自身不动
的推动者的原因,而自身不动的推动者再是别的事物的原因。

　　因此,既然运动是永恒的,那么,第一推动者(如果只有一个的
话)就也应是永恒的;如果第一推动者有许多个,那么就会有许多
个永恒的第一推动者。但这样的推动者应该宁可认为只有一个而
10 不认为有许多个,宁可认为它是为数有限的而不认为它是为数无
限的。因为只要结论相同,我们应该总是宁可假定为数有限,因为
在自然物里(只要可能)应该支持有限者(即较好者)①。这样的推

---

① 见 188ᵃ18。

动者一个就够了：它是永恒的，先于其他而自身不动的推动者，可
以做所有其他事物运动的根源。第一推动者必然是一个并且是永 15
恒的，这一假说也可以证明如下。已经证明过，运动必然永远存
在。运动既然永远存在就必然是连续的。因为永远存在的事物是
连续的，仅仅顺联起来的事物不是连续的。但是，如果运动是连续
的，它就是一个；一个运动中只有一个推动者和一个被动者，因为，
如果运动这个时候是被这个事物引起的，另外的时候又是被另外 20
的事物引起的话，那么整个运动就不是连续的而只是顺联的了。

　　不仅上面那些论述可以使人相信有自身不动的第一推动者，
而且还可以通过对推动者的根源的研究使人相信这一点。事实上
明显地可以看到是有这样的一些事物的：它们有时运动着有时静
止着。也正是这一点曾经给我们证明了[①]：不是所有的事物都在
运动着，也不是所有的事物都静止着，也不是一些事物永远静止另 25
一些事物永远运动。因为那些能够一个时候运动另一个时候静止
的事物，证明了这三个假说。既然大家已经了解了这种事物，下面
我们打算来分别地证明另外两种事物的本性：一种事物是永远不
运动的，另一种事物则永远运动。针对着这个命题论证下去，并且 30
得出：任何运动的事物都被某一事物推动，这个推动者或者是不运
动的或者也是被推动的，如果也是被推动的，或者被自身推动，或
者被别的事物推动，而后者再被别的事物推动，如此等等，于是我
们得到一个结论：被动事物的根源是自我推动者，而全部事物[②]的 259ᵇ

---

　　① 见本章第三节。
　　② 连自我推动者也包括在内。

总根源则是一个自身不运动的事物。我们也明显地看到有自我推
动的这种事物,如生物,特别是动物。事实上这种事物也曾经引起
过一种想法①,即认为从未存在过的运动的产生是可能的,因为我
们看到在这类事物里出现一种现象,即(如所看到的)这些事物原
来是不动的,是后来才运动的。于此我们应该注意到,动物的自我
推动只限于一种运动②,而且严格地说,还不是真正被自身推动
的。因为这种运动的原因不是动物自身,而是因为动物有另外的
不是被它们自身引起的自然运动,例如每一个静止着的动物,即不
在做着被它自身引起的空间运动的动物,所作的增、减和呼吸;这
些运动的原因是周围环境和许多进入动物机体的事物,例如它们
的某些运动的原因是食物:当食物在被消化的时候,它们在睡眠,
当食物消化后被分送到全身去的时候,它们醒着,在推动自身运
动,但这里第一根源是从外来的。因此动物不是永远在连续地自
我推动,因为还有另外的,和各个自我推动者发生关系时自身也运
动着和变化着的推动者。并且在所有这些自我推动的事物里的第
一推动者,即它们自我推动的原因③,也被自身推动;但这是因偶
性的,因为动物的躯体在改变空间,在躯体内的东西因此也跟着改
变空间,并且通过躯体的作用而成为自我推动者。由此我们可以
深信:如果一个事物是一个本性不运动但能因偶性附随着运动的
推动者的话,那么它是不能引起连续的运动的。因此既然必然有
连续的运动,也就应该有一个连因偶性的运动也没有的第一推动

---

① 见第八章第二节 253ᵃ4 以下。

② 空间方面的运动。

③ 即灵魂。

者,如果(像我们已说过的)①在现存的事物里必须有一个不停不灭的运动,并且存在总体必须自我包容因而持续不变的话,因为,如果根源是持续不变的,和根源连续的宇宙万物总体必然也是持续不变的。(但是被自身推动的因偶性的运动和被他事物推动的因偶性的运动是不同的:被自身推动的因偶性的运动只属于可灭的事物,被他事物推动的因偶性的运动除了属于可灭的事物而外,还属于天体的一些根源,即那些被带着作不是同一的位移的根源。)

再说,如果永远有一个这样的事物,一个本性不运动的和永恒的推动者(A)存在的话,那么直接被它推动的事物(B)必然也是永恒的。这一点还可以用一个事实来说明,即,如果没有一个自身也运动的事物来推动的话,就不会有别的事物的产生、灭亡和变化,因为不运动的推动者(A)永远以同一方式推动同一种运动,因为它和被它推动的事物间的关系是没有任何改变的;而被运动着的推动者(B)所推动的(虽然(B)的运动是直接由不运动的推动者所引起的)事物(C),由于和被它自己所推动的事物(D)间的关系是有改变的,所以不会是引起同一的运动,而会是因在不同的时间里所处的处所对立或所具的形式对立,使它所推动的每一个事物发生对立的两运动,并且有时静止有时运动②。

于是,为什么自然界里不是一切事物皆运动;也不是一切事物皆静止;也不是有些事物永远运动,其余事物永远静止;而是有这

---

① 见第八章第一节。

② 天(A)通过各种不同的天体(B)影响地上的事物(C和D)的运动;天上事物的运动和地上事物的运动有着不同的规律。——这就是这一段文字的大意。

样的一些事物：它们这个时候在运动着，另外的时候则不在运
15 动。——我们在开始时就提出的这个问题也已经说明白了。其原
因现在是很明白的：有些事物被自身不运动的永恒的推动者所推
动，因此永远运动着，另一些事物被运动着变化着的推动者所推
动，因此它们也必然在变化着。而不运动的推动者，如已说过的，
因为始终在简单地以同一方式自身经久不变地推动着，所以它引
起的是在种上不可分的一个单纯的运动。

# 第 七 节

260ᵃ20　　然而，如果我们从另外一个角度来开始论证的话，这些问题会
更清楚。因为我们必须研究是否能有连续的运动，如果能有的话，
它是哪一种运动，以及，哪一种运动是先于一切的运动。因为显
然，如果必然永远有运动，如果某一特定的运动是先于一切的和连
25 续的，那么这个运动正是第一推动者所引起的运动——它必然是
同一的，连续的和先于一切的。

　　有量的运动，质的运动以及我们称之为位移的空间运动，在这
三种运动中，空间运动必然是先于一切的。理由如下。如果不先
30 发生质变是不可能有增长的，因为增长的事物得到增长就一种意
义而言是靠了同种事物的加入，就另一种意义而言是靠了不同种
事物的加入，例如食物就是一个和对立者对立的事物[①]，并且任何

---

① 在食物和接受食物的动物之间有对立，即有不同。食物包括着质的同化的说
法见《动物志》416ᵃ19 以下的讨论。

事物都是在由不同变成相同事物之后再合并上去的。这里由不同 260b
到相同的变化必然是质变。可是,既然有质变,就需要一个引起质
变者,例如一个使潜能上热的事物变成现实上热的事物的东西。
很明显,推动者和发生质变的事物之间的距离是不能不变的,一定 5
是一个时候离它近些另一个时候离它远些,而这些没有位移是不
能发生的。因此,如果必然永远有运动,就也必然永远有位移作为
先于一切的运动,并且,如果各种位移也有次序,就还有第一位移。
其次,一切质变的基本被公认为是密集和稀散——重和轻,硬和 10
软,热和冷都被认为是密和稀的一种表现——而密集和稀散又被
认为是事物因以产生和灭亡的合与分:合与分必然发生空间上的
变化。再说,事物在增和减的时候,其量也在发生空间上的变化。

　　用以下的研究也可以证明:位移第一。所谓"第一",正如在其 15
他场合那样,在运动里也用作几种不同的意义:(1)如果一个事物
不存在别的事物也不能存在,而没有别的事物它却照样能够存在,
那么这个事物就被说成是第一的;(2)时间上的第一;(3)和事物的
本性完成程度相关联着的第一。

　　因此(1)既然运动必然连续地存在,能连续存在的运动或为连 20
续的运动或为顺联的运动①,但两者比较起来连续的运动更连续;
并且,连续的运动比顺联的运动好,我们又总是假定出现在自然里
的是较好者,如果它是可能的话;既然连续的运动是能存在的(以
后再证明这一点②,现在暂且作为假设),并且,除了位移而外没有 25

---

　　① 　连续的运动指同一种运动永远地持续下去,顺联的运动是指不同种的运动一
个接着一个地永远持续下去。
　　② 　见第八节。

任何别的运动能是连续的,因此必然位移第一。因为正在发生位移的事物完全不必要也在发生增长或质变,产生或灭亡;相反,如果没有第一推动者引起的连续运动,那么这些运动就没有一个能发生。

30　　　其次(2)位移运动在时间上第一,因为它是永恒事物所能做的唯一的运动。确实的,就任何有产生的个别事物而言,位移必然是它所做的诸运动中的最后一个,因为在它开始产生之后首先发生
261ᵃ 的是质变和增长,位移是已完成了的事物才能有的运动。但是必须先有一个在作位移的另外的事物作为产生者产生的原因而它自身不产生,如被产生者之前的产生它的事物。既然由于事物应该
5 首先产生,因而产生似乎是先于一切的运动,并且就任何个别产生事物而言情况也确乎是如此,但是在产生事物之前必然先有一个另外的,自身不在产生而是已经存在着的事物在运动着,并且还有别的事物更在它之前。既然产生不能是第一运动(因为否则所有运动事物就都是可灭的了),那么显然,顺联于它的诸运动就更没
10 有一个能在前了——我这里所说的顺联于它的诸运动是指增长,然后是质变、减少和灭亡——因为所有这些运动全都在产生之后,因此,如果说产生不能先于位移,那么也就没有其他任何变化能先于位移了。

　　(3)正在产生过程中的事物总是显得尚未完成和正在趋向其根源,因此,在产生中在后的事物在自然中却是在先的。一切产生中
15 的事物都是最后获得位移这个属性的。有些生物,如植物和许多种动物,由于缺少相应的器官而不能运动,而另一些生物则在自己完成的时候获得了运动的能力,就都是因为这个缘故。因此,既然事

物获得位移能力的程度是和事物完成自然的程度成比例的,那么从
事物的本性的完成来看,这种运动也该是先于其他运动的;除此而
外,还有一个理由,即运动事物在位移运动中和在别的运动中情况 20
相比丧失本性最少:位移是唯一不引起任何本质属性——像质变中
的质,增和减中的量等——改变的运动。尤其明显的是:这个位移 25
运动最确切地说来是自我推动的事物所引起的;但是我们说自我
推动者是既被动又推动的事物的根源,是运动事物的第一推动者。

由上所述可见位移是先于一切的运动,现在必须说明哪一种
位移第一。同一论证同时也将证明,这里以及前面①都已肯定过
的一个说法,即有某一连续的永恒的运动存在是可能的。 30

下面的论述将证明,除了位移而外别的任何运动都不可能是
连续的。因为任何别的运动和变化都是从互相反对的一个限到另
一个限的——例如存在和不存在是产生和灭亡的两个限,对立的 35
两影响②是质变的限,量的足够大和不够大,完成和不完成是增和
减的限——趋向对立两者的两运动是互相对立的两运动。一个不
是永远在做某一特定的运动的,但此前是存在着的事物,此前必然 261ᵇ
静止着。因此可见,变化者在对立的另一限里是静止的③。就变
化而言,情况也一样④。因为无论是一般意义上的灭亡和产生还 5
是任何特定的灭亡和产生都是两相反对的;因此,如果事物同时作

①　260ᵇ23,259ᵃ16。

②　诸如热和冷、轻和重。

③　因此它的运动是不能永远连续下去的。

④　见225ᵃ31。因为运动都是变化,但变化不都是运动,产生和灭亡是变化而不
是运动。

互相反对的两变化是不可能的,那么变化就不会是连续的,而会
是,在互相反对的两变化之间有一段时间。因为这些互相矛盾的
10 变化是否算是对立倒没有什么关系(只要它们不同时存在于同一
事物),因为这对于论证没有什么影响。即使事物不必然静止于矛
盾状态,也没有和变化对立的静止状态——如灭亡趋向不存在,而
不存在也不是静止的——这没有关系,只要有一段时间出现在两
个变化之间就行,这样一来,变化就不是连续的了,因为在上面对
15 论证有影响的因素也不是两个变化的对立性,而是两个变化同时
存在于同一事物的不可能性。也不必为一个事实所困惑:即同一
过程对立于不止一个过程,例如一个运动对立于静止,又对立于相
反方向的运动。只是关于这个事实要理解到:(1)运动在一定的意
20 义上是既和相反方向的运动对立,又和静止对立的(恰如相等者或
者说尺度既对立于超过者又对立于不及者一样),(2)相互反对的
两运动或变化不能同时存在于同一主体。此外,在产生和灭亡里,
如果设想产生的事物一经产生必然立即灭亡而不继续存留一段时
25 间,这种设想也会被认为是绝顶荒谬的;可以由此深信在别的变化
里也是如此的,因为在任何变化里自然的情况总是一样的。

# 第 八 节

261ᵇ27　　现在我们来论证,有某种无限的,单一的和连续的运动存在是
可能的,这个运动就是圆周旋转①。

----

①　见第六章第十节 241ᵇ18。

做位置移动的事物其运动轨迹不外是圆周形、直线形或这两者的混合①；因此，如果圆周旋转和直线位移两者之一不是连续的，两者的混合运动就也不能是连续的。作直线而有限的位移的事物不能连续地位移是显而易见的。因为直线形运动到达终点必须折回；在直线上有折回的运动是对立的两个运动；在空间方面向上的运动对立于向下的运动，向前的运动对立于向后的运动，向右的运动对立于向左的运动，因为这些都是空间上的对立。但是我们在前面已经确定②，单一的和连续的运动乃是一个单一的事物在不间断的时间内所做的没有种上差异的运动（因为运动有三个要素，即运动者，如人或神；运动所经的时间；运动所涉及的内容，即空间、状态、形式或量）；而对立者是有种的差异的，它们不是一个；空间方面就有刚才列举的这些差异。在直线上从 A 到 B 的运动和从 B 到 A 的运动如果同时发生的话，就会因相互抵消而静止不动或者中断——这一点可以证明这两个运动是对立的；在圆上也一样，如从 A 到 B 的运动和从 A 到 Γ 的运动③是对立的，因为，即使它们是连续的运动并且不会发生折回现象，但由于对立的互相抵消互相妨碍，它们还是静止不动的；而横方向的运动和向上的

①　在说到圆周旋转和直线位移的混合时，亚里士多德心里无疑地想到螺旋形的位移。

②　227ᵇ21 以下。

③　以图示意：

运动是不对立的。

　　但是,最能说明直线运动不能连续的原因的是,折回必然发生
15 停留。不仅直线运动如此,圆周往返运动也如此;须知圆周往返和
圆周旋转是不同的:因为事物在圆周线上运动时有两种可能:一种
是一直不停地前进,另一种是在达到原先的出发点之后返回来①。
返回必然发生停留,这个信念不仅根据感知而且也根据推理。现
20 在开始推理如下。运动里有三个点:起点、中间点和终点,中间点
由于对起点的关系和对终点的关系不同,因而在数上虽是一个,在
概念上却是两个。其次在潜能上和在现实上也是有分别的。在直
线两端之间的任何一个点在潜能的意义上是中间点,在现实的意
25 义上不是中间点,除非运动事物在这个点上停下来然后再开始运
动,结果把线分成了两个部分,因此中间点变成了又是起点又是终
点,即后一段的起点和前一段的终点;我所说的意思是例如位移
的物体 A 在 B 处停下来,然后再向 Γ 的方向移动。但是,如果
事物 A 在连续地位移着,那么说它"到达了"B 点或者"离开了"B
30 点都是不行的,而只能说在某一"现在"里"在"B 点上,也不能说
在任何"一段时间里""在"B 点上,除非这"现在"作为一个潜能
的分点包括在运动所经的整个时段之中。如果有人主张用"到
262ᵇ 达了"和"离开了"这些字眼,那就意味着位移的事物 A 不断地有
停留。因为 A 到达 B 点和离开 B 点两件事同时发生是不可能
的,这两件事是发生在不同的时间点上,因此这两点之间会有一
段 时间,所以A就会静止于B点,在别的点上情况也一样,因为

---

　　① 达到原先的出发点之后再返回来,就是圆周往返运动。

在任何点上道理都是一样的。当位移物体 A 把 B 这个中间点既用做它的运动的终点又用作起点时,由于正如有人想的那样赋予了这个点以双重资格,A 必然在 B 点上停留。但是当运动物体已经完成了自己的运动并且停下来了时,它就已经离开了起点 A,已经在 Γ 点了。因此对于这里所产生的一个疑难也必须用这个论点来解决。这里的疑难是:"假定以 E 为起点的线等于以 Z 为起点的线,物体 A 从端点 E 向 Γ 作连续的位移,当 A 在 B 点的同时,物体 Δ 在从端点 Z 向 H 的方向上以和物体 A 同样的速度作同种的位移,物体 Δ 将在 A 到达 Γ 之前到达 H,因为先出发先离开的事物必然先到达。"① 因此 A 之所以落后的原因就在于它到达 B 和离开 B 不能同时发生;如果能同时发生的话,它就不会落后了;但是停留是必然的。因此错误在于假设:"在 A 到达 B 的同时,Δ 在作以端点 Z 为出发点的运动",因为,如果 A 能"到达"B 的话,就应该也能"离开"B,并且两件事不能同时发生;但是实际上 A 在 B 点处是在时间的一个分点上,而不是在时间的一个段里。因而在这里,在运动连续的情况下,就不能这样说②。但在运动有返回的场合则必须这样说。例如假设物体 H 位移到 Δ,然后

---

① 亚历山大解释(辛普里丘 1285,14)说,Δ 被认为先出发离开 ZH 线上的与 EΓ 线上的 B 点相当的点。Δ 之所以能先离开是因为它在途中没有耽搁,而 A 到达 B,然后再离开 B,就耽误了时间。

```
E _____ B _____ Γ
            A ——→

Z _____ _____ H
            Δ ——→
```

② 不能说 A"到达"或"离开"中间点。

25　再返回来向下位移①,那么它就已经把端点 △ 既用作终点又用作

起点,一点用作两点了;因此 H 必然在那里有停留,不能同时既到

达 △ 又离开了 △,因为否则它就会在同一现在里既在那里又不在

那里了。刚才前面用来解决问题的论证法在这里是不适用的。因

30　为这里不能说 H 在 △ 处是在一个时间的分点里,不"到达"也不

"离开"△ 处,因为所趋向的目的必然是一个在现实上(而不是在潜

能上)存在着的东西。因此连续线上的中间点仅仅在潜能上既是

263ᵃ　终点又是起点,而这里的这个中间点是现实上的,从下面看上去它

是终点,从上面看下来它是起点;因此也是一个运动的终点和另一

个运动的起点。

　　做直线运动的事物在折回的时候必然发生停留。因此直线上

不可能有永恒的连续运动。

　　也必须用这同一个论证法驳斥那些以芝诺的论证为依据提出

5　问题的人,他们认为,要走完一段路程,如果必须先走完一半路程,

然后再走完其余一半路程的一半,余此类推,这些一再二分的"一

半"路程是为数无限的,而走完为数无限的路程是不可能的,因此

走完全程是不可能的;或者如有些人也以芝诺的论证为依据换一

种方式提出问题,他们认为,随着运动的进行,每走完一半路程,就

10　先计一半数,因此得到一个结论:如果要走完全程,就必须数无限

多的数,而这是众所周知不可能的。在前面②对运动的论证里,我

们曾经用指出时间在自身内包含无限个单位来解决过问题,因为

---

　　①　另外假设的一个运动——一个上下的运动,其中 H 和 △ 所代表的概念和上面

的不是一回事。

　　②　见 233ᵃ21 以下以及 239ᵇ11-29。

在无限的时间里通过无限的距离是没有什么不对之处的，并且，无
限是同等地存在于长度上和时间上的。但是这个答案虽然作为对　15
所提问题的解答是足够的——这个问题是：在有限的时间里能否
越过或者计数无限数的单位——但是作为对事情或实情的说明则
还是不够的。因为，如果有人撇开长度问题不谈，也不谈"是否可　20
能在有限的时间里走完无限的路程"这个问题，而把他的问题仅仅
局限在时间上（因为时间可以无数次地分割），这个解决问题的方
法就不够了，但是我们必须讨论我们在刚才的论证里谈到的实情。
我们说，如果有人把连续的线量分成两半，他就把一点用作两点　25
了——因为他既把它当作起点又把它当作终点——并且，这个人
无论是在进行数还是在将线量分成两半，都会把一点当作两点。
但是，如果这样分，那么无论是线还是运动就都不能连续了，因为
只有与运动有关的运动物体、时间和线是连续的时，运动才能是连
续的。并且，虽然在连续的事物里含有无限数的"一半"，但这不是
现实意义上的而是潜能意义上的。如果这个人在实际上这样做，　30
他就会使得运动不连续而是时断时续；假如去数"一半"的话，那么
这是一个显然的结果，因为他必然把一个点数作两个点，因为，如　263ᵇ
果他把线量不当作一个连续的整体而把它当作两个"一半"来计数
的话，这个点将是一个一半的终点和另一个一半的起点，因此对于
"是否可能越过无限多的时间单位或长度单位"这个问题，我们必　5
须回答说，就一种含义而言是可能的，就另一种含义而言是不可能
的：如果这些无限多的单位是现实上的，就不可能被越过，如果是
潜能上的，就可能被越过。因为连续运动着的事物仅能偶然地越
过无限，不能绝对地越过无限，因为，有无限多的一半——这是线

量的一个偶性,它的本性则是另一回事。

10　　也很显然,如果不将分时间为前后两段的分点永远划归事情发展的后一时段,那么就会:同一事物在同时既存在又不存在,在它已经生成了时不存在。固然,在连续的时间里的点为前后两段时间所共有,在数上是相同的一个,在概念上是不相同的两个(是15前一段时间的终点,是后一段时间的起点),但它总是属于变化事物的后一段时间里的。假设 A Γ B 为时间,Δ 为事物;这个事物在 A 段时间里是"白"的,在 B 段时间里是"非白"的。因此 Δ 在 Γ 这个分点里就既是"白"的又是"非白"的,理由是:如果在整个 A 段时间里事物是白的,那么说在 A 段时间的任何一点上是白的就是说得对的,又,在 B 段时间里事物是非白的,而 Γ 既是 A 里的点又20是 B 里的点。因此必须不许可说"在整个 A 里"是白的只许可说"在除了最终的'现在'即 Γ 点而外的 A 里"事物是白的;Γ 点已经属于 B 段;假定在整个 A 里"非白"已经处于产生过程中,而"白"处于消失过程中,到 Γ 点这个过程达到完成。因此若非白的事物在 Γ 处第一次被说成是非白的,是说得对的话,那么就会或者一25个事物在生成了的时候却不存在,在灭亡了的时候却存在;或者一个事物必然同时既白又不白,或者以一般性的术语来说,既存在又不存在。

　　再说,如果一个原来不存在如今存在着的事物必然是变为存在的,并且,在转变的时候它不存在,时间是不可能被分成时间"原子"的。兹说明如下。如果物体 Δ 在时间 A 里"变"白,并且,在顺30接着时间原子 A 的另一个时间原子 B 里"变成了"白的(Δ 同时也就"是"白的了),因此,如果它在时间 A 里仅在变白,还不是白的,

而在时间 B 里它是白的了,那么在 A 和 B 之间应该有某一产生过
程,因此也应该有产生过程所经的一段时间存在于 A 和 B 之间①。 264ᵃ
但是这个论证对于否认有时间原子的人②是没有影响的。在他们
看来,在变化过程所经的时间的最后点上事物 Δ 已经变成了白
的,因而已经是白的了,没有任何别的点顺接着或顺联着这个点,
而时间原子是顺联的。也显然,如果事物 Δ 在整个 A 的时间里变
白的话,那么 Δ"完成变白"所花的时间加上"变白"过程所花的时 5
间之和是不能多于单独的后一时间的③。

　　上述这些以及诸如此类的论证,是一些用于证明"除了圆周旋
转而外没有别的运动能永恒和连续"的很合适的论证;但是,如果
我们要对所有各种运动作一般的研讨,下面我们可以看到,也是可
以得到同样的结论的。

　　任何连续运动的事物,如果没有别的事物强迫它离开自己的 10
轨道的话,那么它在达到目的地之前是在向目的地作位移。例如
它的目的地是 B,那么它在到达 B 之前必然是在向 B 位移。并且,
不是仅仅在它接近 B 的时候,而是从运动一开始起,事物就是在
向目的地位移了。因为否则我们要问,为什么只能是在比较接近
目的地的时候如此,而在此前的时候不能如此呢? 在别种运动里
也如此。现在我们假设一个从 A 向 Γ 位移的事物,当它到达了 Γ 15
以后,再回过头来以连续的运动向 A 位移,则从 A 再回到 A 这个
过程是连续的。因此它在由 A 向 Γ 位移的同时就也是在作由 Γ

---

① 结果,两个时间原子就不能顺接着了。
② 如作者自己这一学派。
③ 也就是说,"完成变白"是在时间的一个点上,是不花时间的。

向 A 的位移；因此它就是在同时做两个相互对立的运动了，因为
在一条直线上方向相反的两个运动是相互对立的。它这也就是在
20　同时做由它不在的位置开始的运动①。因此，如果这是不可能的，
那么它必然在 Γ 处有停留。因此，这里的运动不是一个，因为被
静止隔断了的运动不是单一的运动。

下面的论证将对所有各种运动里存在的这种情况作一般的说
明。如果运动事物既能做前述三种运动②（因为除此而外别无其
他），又能做与各运动相反对的静止，又，如果一个运动事物不是一
25　直在做这运动——"这运动"我是说的一种运动而不是说的整个运
动的一个部分——那么在此以前它必然处在与这种运动相反对的
静止状态（因为静止是运动的缺失）；因此，如果直线上的两运动是
30　对立的，又，对立的运动不可能同时发生，事物在从 A 向 Γ 位移就
不能同时也从 Γ 向 A 位移；既然它不能同时做这个从 Γ 向 A 的
运动，但又必须做这个运动，必然在 Γ 处静止过，因为这是一个和
264b　以 Γ 为起点的运动相反对的静止。因此上述讨论可以说明，倒转
方向的运动是不连续的。

或者另外再举一个合适的例子来说明。譬如在一个事物身上
"不白的"消失与"白"的产生同时发生。因此，如果"变成白的"的
变化和"以白为起点"的变化是连续的，并且这之间没有任何一段
5　时间的耽搁的话，那么"不白"的消失，"白"的产生和"不白"的产生

---

①　如果我们假定了由 A 到 Γ，再回过来由 Γ 到 A 的运动是连续的话，我们就必
须承认，从 Γ 到 A 的返回运动是从 A 开始的；而 A 事实上是一个做由 Γ 到 A 的返回运
动的事物所"不在"的地方。

②　质变、量变、空间上的位移。

就会是在同时。因为这三件事发生于同一段时间里。

其次，不能因为时间是连续的，因而也把运动当作是连续的，事实上运动只是相互顺联。对立的两个终限，如白和黑，怎么能同一呢？

相反，循着圆周线的运动是单一的连续的运动。这里找不到任何说不通的地方。因为事物在做从 A 出发的运动，由于方向相同同时也就是在做趋向 A 的运动——因为这里从 A 出发的运动事物的方向和它的目的同样是 A——而不会是在同时做两个互相对立的或者互相反对的运动。因为并不是所有趋向这个点的运动都是和从这个点出发的运动互相对立或互相反对的。如果这两个运动在同一直线上，它们才是对立的（例如在圆的直径上的两个运动，就是在空间上相互对立的，因为在这里直线上的两个限点有最大的距离）；如果两个运动只是走过同一长度的线，它们是相互反对的①。因此没有什么妨碍圆周线上的运动连续，运动完全可以没有中断（无论多短的时间），因为沿着圆周线的运动从某处出发还回到某处，而直线上的运动则从一处出发趋向另一处。并且，直线上的运动是在一定的两限点之间一再返回地进行，而圆周上的运动则永无限点；不断前进永无返回的运动是能连续的，一再返回

---

①  在这个图上，沿着直径的两个运动（A 到 B 和 B 到 A）既是互相反对也是互相对立，因为空间上的"对立"的定义是"彼此有最大的距离"。这个定义对于 AB 线上的 A 和 B 两个点来说是符合的。沿着弧的两运动（A 到 C 和 C 到 A）不是对立，因为 A 和 C 之间的距离不是最大；它们是反对，因为它们在相反的方向上走同一线路。但是绕着整个的圆从 A 出发再回到 A，运动事物就不是在同时做两个互相对立或互相反对的运动了，虽然它自始至终都同时在"从这个点出发"又"趋向这个点"。

的运动是不能连续的,因为否则必然有互相反对的两运动同时发
生了。因此在半圆或任何别的弧上都不能有连续的运动,因为,运
25 动的线路必然一再地返回,必然一再返回地发生对立的变化,因为
在这些场合里起点和终点不合一。与此相反,圆周线上运动的起
点和终点是合一的,并且,这种运动是唯一的完成的运动。

30      根据这个分析也可以看出,别种运动都不能连续。因为在所
有别种运动里都有一再返回的现象,例如质变中的诸中间阶段,量
变中的诸中间量都有返回,在产生与灭亡中情况也同样,因为无论
265ª 把变化的中间阶段标出得少还是标出得多,也无论在中间插进一
个还是抽掉一个阶段都没有任何影响,因为在两种情况下运动的
线路都被一再地返回。

由此可见,那些主张所有的可感知事物都永远运动的自然哲
5 学家们的主张是错的,因为可感知物的运动必然是上述有间断的
运动之一,何况他们还是特别指的质变,因为他们说,万物都永远
在流动和消逝中,此外他们还把产生与灭亡说成是质变①。但是
我们刚才的论证已经对所有的运动作了普遍的论述:除了圆周运
10 动而外没有任何运动能连续,无论是质变还是增加都不能连续。

因此,除了圆周旋转而外没有任何别的变化是无限的或连续
的,关于这个问题我们就说到这里为止吧。

---

① 见 187ª30。

# 第　九　节

位移运动中圆周旋转第一，也是很明显的。因为位移（正如前面已说过的）不外是圆周形的、直线形的或两者混合的。前两者必然先于后者，因为后者是由前两者合成的。其次，圆周运动又先于直线运动，因为它比较单一，比较完全。理由如下。直线运动不可能是无限的，因为没有无限长的直线，并且，即使有无限长的直线，也没有一个事物能通过它（因为不可能的事是不会发生的，而通过无限长的事物是不可能的事）。并且，有限直线上的运动，如果发生返回，就是复合的运动，实际上是两个运动；如果不发生返回，就是不完全的和可灭的运动。无论就自然而言还是就定义而言还是就时间而言，完全的事物总是先于不完全的事物，不灭的事物总是先于可灭的事物。再说，能够永恒的运动总是先于不能永恒的运动。圆周上的运动能够永恒；别的运动，无论是位移还是别的任何一种运动，都不能永恒。因为在别的运动里都必然出现静止，一出现静止运动就灭亡了。

圆周上的运动是单一的和连续的，直线上的运动不是一个，不能连续。这个结论的根据是很充分的。直线上的运动有确定的起点、终点和中点，并且把它们全部包括在自身内，因此就有一个运动事物开始运动的出发点和完成运动的终点（因为任何事物在限点上——或起点或终点——都是静止的）；相反，圆周上的位移没有确定的限点——因为在圆周线上，限点为什么一定是这个点而不能是那个点呢？因为圆上每一个点都同等地既可以作起点也可

265ᵇ 以作中点或终点——因此一个做圆周运动的事物既可以说永远在
起点或终点上,也可以说永远不在起点或终点上。因此球在转动着
的时候在某种意义上也可以说是静止着,因为它占有的空间始终是
同一个。原因在于:所有这些都已经是球心的属性了①——因为球

5 心是所通过的量的起点,也是这个量的中点、终点——因此,由于
这个点不在圆周上,所以圆周上没有一个这样的点:运动事物走完
了自己的路程之后在那里静止着,因为这里运动事物永远在围绕
着中心而不是在趋向终限运动。因为中心不动,所以整个的球在
一种意义上说是静止的,在另一种意义上说则是连续运动的。

　　还有一种互换的关系。一个是:循环运动是一切运动的尺
10 度②,所以它必然是第一运动(因为一切事物都是被它们之中的第
一者计量的);另一个是:因为循环运动是第一运动,所以它是其他
运动的尺度。

　　再者,也只有圆周运动能够是匀整的。须知,事物在直线上移
动时,离开起点时的速度和趋向终点时的速度是不同的,因为任何
15 事物位移时总是离开静止处愈远运动得愈快;而圆周运动是唯一
的一种自然地在线路本身内没有起点和终点的运动,在这种运动
里起点和终点是在线路以外的某处。

　　所有论及过运动的学者,他们的议论都可证明,空间的位移是
基本的运动:因为他们把引起空间位移的东西说成是运动的根源。
20 “分”与“合”是空间运动,爱与憎以这两种方式推动——憎引起分,

---

　　① 或:所有这些起点、终点、中点(在直线上有分别的)在圆(或球)上已经都是圆
心(或球心)的属性了。
　　② 见 223ᵇ18。循环运动是指最远的一重天的运动,也就是所说的圆周运动。

爱引起合。阿拿克萨哥拉也说第一推动者"心"引起分。那些不主
张有任何这类原因的人也一样，他们说运动的发生是由于虚空的 25
缘故。他们也是说的自然体的运动是空间运动，因为由于虚空而
发生的运动是位移，是在空间里的运动[①]。他们认为，其他的运动
没有一种属于基本实体，只属于由基本实体合成的事物；例如他们
说，增、减以及质变这些属于合成事物的过程都是因原子的合与分
而发生的。那些通过密集与稀散解释产生与灭亡的学者也一样，30
因为他们是用合与分排列事物的[②]。除此而外还有哪些主张灵魂
是运动原因的学者也这样[③]，他们说自我推动者是一切事物运动
的根源，而动物和一切有生物使自己做的运动是空间运动。又，在 266ᵃ
我们说一个事物在运动时，只有当这个事物是做的空间运动时，我
们所说的"运动"这个词才是用的本义；如果事物始终静止在同一
地方，在这种情况下发生增、减或质变，我们总是说事物在做"某种
运动"，而不简单地说它在"运动"。 5

　　至此我们已经论证了：运动过去一向存在，今后还将永远存在
下去；什么是永恒运动的根源；什么运动是第一运动；什么运动是
唯一能永恒的运动；以及，第一推动者是自身不动的。

---

　　①　亚里士多德是不赞成有虚空和通过虚空的运动的。
　　②　指阿拿克西门尼。亚里士多德似乎把泰勒斯和赫拉克利特也包括在内。见
187ᵃ12 以下，另见第一章第五节注①。
　　③　指柏拉图（《菲德罗篇》245ᶜ）和他的学派。

# 第　十　节

266ª10 　　现在我们来论证,第一推动者必然是没有部分也没有量的。
首先让我们来确定与这个问题有关的几个先决问题。

　　这些先决问题之一是:没有任何有限的事物能进行无限长
15　时间的推动。须知运动的因素有三——推动者、被动者、运动在
其中进行者即时间;这三者或全都是无限的,或全都是有限的,
或其中的一些,如一个或两个,是有限的。假设 A 为推动者,B
为被动者,Γ 为无限的时间。假设 Δ① 推动 B 的一个部分 E。它
所经过的时间 Z 不能等于 Γ,因为所推动的量愈大所花的时间
愈长;因此时间 Z 不是无限的。这样不断地减 A 以增加 Δ,我将
20　用完 A,不断地减 B 以增加 E,我将用完 B②,但是不断地减去相
应的时间,我不能用完全部时间,因为它是无限的;因此整个 A
推动整个的 B 所花的时间将是 Γ 的有限的一段。因此有限的事
物不可能使任何事物做无限的运动。因此可见,有限的事物不
25　可能进行无限长时间的推动。

　　下面证明:无限的能力存在于有限的量内是完全不可能的。
既然较大的能力总是一个能在较短的时间内引起同样程度变化的
能力,例如一个加相等的热,使变得一样甜、扔得一样远,或一般言
之,引起一样程度的运动的能力。因此受影响的事物必然被具有

---

① 　Δ 是 A 的一个部分。
② 　因为 A 和 B 都是有限的。

无限能力的有限事物引起某种程度的变化，并且变化的程度比被 30
任何别种事物所引起的变化的程度都要大，因为无限的能力是最
大的能力。但是不可能有任何与此相应的时间。假设 A①是无限
的能力使客体增加若干热量或推动客体若干距离所经的时间，AB
是某一有限的能力使客体增加同样热量或推动客体同样长的距离
所经的时间，如果我不断地取一有限的能力加到这个有限的能力
上去，那么迟早我总会达到一个境界，即在时间 A 里完成这同一 266ᵇ
程度的推动②（因为不断地加上有限的部分就可以使能力超过任
何已定的限，不断地减掉有限部分就可以使时间小得超过任何已
定的限）。因此有限的能力就可以和无限的能力一样，即在同样长
的时间内推动同样程度的变化了；但这是不行的。所以说没有任 5
何一个有限的事物能具有无限的能力。

有限的能力存在于无限的量内也是不可能的。虽然可能有一
种情况，即在较小的量内有较大的能力；但更常见的情况还是：量
愈大，它所包含的能力也愈大。假设 AB 是一个无限的量。BΓ 具 10
有足够在某一段时间内推动 Δ 运动的能力——假设这段时间为
EZ。如果我取比 BΓ 大一倍的量，那么这个量只要花 EZ 一半的
时间（假定是这样一个比例）就可以推动，因此它只要花 ZH 的时

---

① 假定有这样的一段时间，就会出现论证上的矛盾。

② 时间由 AB 缩短为 A，能力不断增加，但事实上有限的部分加起来的总能力还
是有限的。

间就可以推动①。因而,不断地这样加大倍数,我也永远不能得到
15　AB,虽然可以把时间不断地缩短。AB 具有的能力应是无限的,这
个能力超过任何有限的能力;并且,任何有限的能力进行推动所花
的时间也必然是有限的,因为,如果说一定的能力在一定的时间能
够推动,那么较大的能力进行推动应花较短的(按反比例缩短),却
还是有限的一段时间。但是任何超过一切定限的能力必定是无限
20　的,正如超过一切定限的数和量是无限的一样。这个论点也可以
用下述方法证明。我们可以假设某一能力(和存在于无限的量里
的能力同种的)存在于有限的量里,并且是存在于无限的量里的那
个有限能力的尺度②。

25　　　因此,根据上述论证可以看得很清楚,无限的能力存在于有限
的量里,或者有限的能力存在于无限的量里,都是不可能的。

　　　但是先来讨论③一个与位移事物有关的疑难问题是有益的。
如果任何运动着的事物(除自我推动者外)都有某一别的事物在推
动着它运动的话,那么有些事物,如被抛扔的事物,在它们的推动
30　者和它们脱离接触之后是凭什么继续运动的呢? 如果推动者在推
动某一事物运动的同时还推动了另外的事物(如空气)运动,运动
起来的空气推动那个运动事物运动,那么,当第一推动者和它们脱

---

①　以图说明如下:

　　　Β　　　　Γ　　　　　　　　Α
　　　├────┼───────┤----------
　　　├──┼──┼──┤
　　　Ζ　　Η　　Ε

②　这个论证还没有说完,应当继续说:既然一能力是另一能力的尺度,就必定存
在着一定的倍数关系;既然两个能力同种,两个物体也一定同种。因此能力必须和物
体的量成正比。但是有限和无限之间是不能有比率的。因此这个命题是不能成立的。
③　在(下面一段)讨论圆周运动这个正题之前。

离了接触不再在推动它们时，空气也同样地不能运动了；空气和那个被推动者必然同时运动，并且在第一推动者停止推动时同时停止运动；即使第一推动者是像磁石一类的东西，能够使被它推动起来的事物也推动，情况也同样。因此必须说，第一推动者使得空气或水或其他任何本性既能推动又能运动的事物能以推动，但是空气之类的事物并不在停止运动的同时停止推动，而是，当第一推动者停止推动时它只停止运动并不停止推动，因此它仍然在推动着顺联的事物运动。于后者道理也一样；但是在这个既被动又推动的事物系列里顺次往后推动能力将变得愈来愈弱，与此同时这种事物的推动也就在逐渐趋向停止，到前一事物不再能使后一事物推动而只能使它运动时推动就最终地停止了。但是最后的这一对事物——一个推动者一个运动者——必然同时停止①，整个的运动到此必然也就停止了。因而这个运动发生在那些能有时运动有时静止的事物里，表面上看起来好像是连续的，实际上是不连续的，这个运动是一些顺联的或相互接触的事物的运动，因为推动者不是一个而是相互顺接的一个系列；正因如此，所以这种被有些人叫做弹性伸缩的运动发生在空气里和水里。但是如果不用刚才的这种方法而用别的方法②是无法解释这里所讨论的这个疑难的。而弹性伸缩会使得所有有关事物都既被动同时又推动，因此也同

---

①　推动者停止推动，运动者停止运动。

②　例如用"循环替换位移"来解释；虽然循环替换位移事实上是可能有的，但它不能解释这里所提出的事实。

20 时停止;但是现在摆在我们面前的是连续运动着的"一个"事物①。因此,是什么在推动着它呢? 我们说,它不是始终由同一个事物推动着。

既然存在必然有连续运动,这种运动是单一的,"是一个"的运动必然是某一量的运动(因为没有量的事物不能运动),并且是被一个推动者推动的一个运动者的运动(因为否则它就不会是连续

25 的运动,而是互相顺联的并且可以分解开来的运动了),推动者如果是单一的话,那么它在推动的时候,自身或是运动的或是不运动的;如果它自身是运动的,它就应该伴随着被它推动的那个事物一起变化,并且自身同时也被别一事物推动,这样不断地追根求源将

267b 上溯到一个被自身不运动的推动者推动的阶段为止。因为这个推动者必须不是跟着一起变化的,它是永远有能力推动的(因为这样推动是不费辛苦的);这个运动也是唯一匀整的运动,或者说最匀

5 整的运动,因为这个推动者在运动过程中没有任何变化。要运动同一,运动者和推动者的关系必须没有改变。这个不能运动的推动者必然或在球心或在球面上,因为球心和球面是球的本原。但是,离推动者最近的事物运动最快,球面上的运动是最快的,因此推动者是在球面上。

10 还有一个疑难:一个自身也运动的推动者能否连续地推动呢? 当然不能,——它是像一再地推撞那样——实际上只是在顺联地,

---

① 最初的那个推动者已经不在推动着它了。

不是真正在连续地推动。因为推动着或拉动着（或转动着）①运动者运动的应该或是推动者自身②，或是某一另外的事物（它的各部分是互相紧挨着的），正如前面在谈到被抛扔的物体时所说过的那样。如果是空气或水（它们是可分的）推动，事实上是它们的一个挨着一个的运动着的部分在推动，因此不论是推动者自身还是某一另外的事物在推动，运动都不能是一个，而是相互顺接着的一个系列。因此只有自身不运动的推动者引起的运动是连续的，因为推动者始终没有变化，因而它和运动者的关系也不会有改变而是连续的。

确定了上述论点之后我们可以看得很清楚，自身不运动的第一推动者不可能有任何量。因为，如果它有量的话，这个量必然或是有限的或是无限的。在前面论自然的几章里③已经证明过了，不可能有无限的量④；现在我们又证明了，有限的事物不能有无限的能力，任何事物都不能被一个有限的事物推动着做无限的运动。但是第一推动者推动一个永恒的运动，使它无限地持续下去。因此可见，这个第一推动者是不可分的，没有部分的和没有任何量的。

---

① 243ᵃ15 以下的文字已经说明，由别的事物推动的运动（位移）的全部形式可以归结为"推"和"拉"。"转"是推和拉的结合，人转动磨石就是在把磨石的一边推开把磨石的另一边拉向自身。

② 已经说明过了。

③ 指本书前四章。

④ 见第三章第五节 205ᵃ7 以下。

# 索　引　（一）

希腊文名词前的冠词从略；右栏所标页码主要用书中最先出现处的统一页码。

## 一　画

## 二　画

## 三　画

## 四　画

## 五　画

## 六　画

## 七　画

## 八　画

## 九　画

## 十　画

## 十　一　画

# 索 引 （二）

| | | |
|---|---|---|
| ἐφεξῆς (το) | 226ᵇ20 | 顺联 |
| ἐχόμενον(το) | 226ᵇ20 | 顺接 |
| Ζήνων | 209ᵃ24, 239ᵇ10 | 芝诺 |
| | | |
| ἤδη | 222ᵇ8 | "马上" |
| | 222ᵇ11 | "刚才" |
| Ἡράκλειτος | | 赫拉克利特 |
| Ἡρακλείτειος | 185ᵃ7 | 赫拉克利特的 |
| ἠρεμία | 221ᵇ9, 226ᵇ16 | 静止 |
| Ἡσίοδος | 208ᵇ30 | 赫西俄德 |
| | | |
| θερμόν | 188ᵃ21 | 热 |
| θέσις | 188ᵃ24 | 位置 |
| θήβη | 202ᵇ13 | 忒拜 |
| | | |
| ἰδέα | 193ᵇ37 | 理念，观念 |
| Ἴλιον | 222ᵇ11 | 伊里翁城，特洛亚 |
| | 222ᵃ23 | 《伊里亚特》 |
| ἰσόπλευρος | 224ᵃ5 | 等边的 |
| ἰσοταχῶς | 237ᵇ27 | 匀速地 |
| ἵστασθαι | 230ᵇ23 | 走向停止 |
| | | |
| καθαιρέσις | 208ᵃ23 | 减小 |
| κακία | 246ᵃ12 | 恶 |
| καμπύλος | 194ᵃ5 | 弯曲的 |
| κατάφασις | 225ᵃ7 | 肯定判断 |
| κατηγόρημα | 186ᵃ33 | 述辞 |
| κατηγορία | 200ᵇ29 | 范畴 |

| πλάτος | 209ᵃ5 | 宽 |
|---|---|---|
| Πλάτων | 187ᵃ17 | 柏拉图 |
| πλευρά | 221ᵇ25 | 边 |
| πλῆθος | 187ᵇ8 | 多少 |
| πλῆρες | 188ᵃ23,215ᵇ20 | 实 |
| ποιητικόν | 200ᵇ31 | 行动者 |
| (το)ποιόν | 185ᵃ27,187ᵇ10 | 性质 |
| πολύ | 185ᵇ10 | 多 |
| Πολύκλειτος | 195ᵃ34 | 波琉克雷特 |
| (το)ποσόν | 185ᵃ27,187ᵇ9 | 数量 |
| ποτέ | 190ᵃ35 | 时间 |
| ποῦ | 190ᵃ35 | 地点 |
| προαίρεσις | 197ᵃ7 | 意图 |
| πρός ἕτερον | 190ᵃ35 | 关系 |
| πρός τί | 200ᵇ29 | 关系 |
| πρόσθεσις | 190ᵇ7 | 增加 |
| πρότερον | 218ᵃ29,219ᵃ19 | 先,前 |
| Πυθαγόρειοι | 203ᵃ4 | 毕达哥拉斯派 |
| πυκνόν | 188ᵃ23,216ᵇ22 | 密 |
| πυκνότης | 187ᵃ15 | 密集 |
| πυρ | 187ᵃ14 | 火 |
|  |  |  |
| ῥοπή | 216ᵃ14 | 动势 |
| Σαρδώ | 218ᵇ25 | 萨尔丁岛 |
| σκαληνός | 224ᵃ5 | 不等边的 |
| σοφισταί | 219ᵇ21 | 诡辩学派 |
| στάσις | 192ᵇ15 | 静止,停止 |
| στερεά(τὰ) | 193ᵇ24 | 体(立体) |
| στέρησις | 190ᵇ28,191ᵃ15 | 缺失 |
| στίγμα | 215ᵇ20,193ᵇ25 | 点 |

| | | |
|---|---|---|
| τύχη | 195ᵇ30 | 偶然性，机会 |
| ὑγρόν | 188ᵇ33 | 湿 |
| | 214ᵃ32 | 流体 |
| ὕδωρ | 184ᵇ18 | 水 |
| ὕλη | 187ᵃ18 | 物质，质料 |
| ὑπεροχή | 187ᵃ16 | 过量 |
| ὑπόθεσις | 195ᵃ18 | 前提 |
| ὑποκείμενον(το) | 186ᵃ34 | 主辞 |
| | 225ᵃ4 | 是，存在 |
| μή ὑποκείμενον | 225ᵃ5 | 否，不存在 |
| ὕστερον | 218ᵃ29 | 后 |
| φαντασία | 254ᵃ29 | 想象 |
| φθειρόμενον(το) | 188ᵇ23 | 消失的事物 |
| φθίσις | 192ᵇ16 | 减 |
| φθορά | 191ᵇ33 | 灭 |
| φιλία | 188ᵇ34 | 爱 |
| φιλοσοφία πρώτη | 194ᵇ15 | 第一哲学 |
| φορά | 201ᵃ8 | 位移 |
| ἡ κυκλ ῳ φορά | 256ᵃ12 | 圆周位移 |
| φυσικοί | 184ᵇ17 | 自然哲学家 |
| φύσις | 184ᵃ15 | 自然 |
| | 187ᵇ7 | 本性 |
| φύσει | 254ᵇ14 | 自然地 |
| παρά φύσιν | 254ᵇ14 | 反自然地 |
| κατά φύσιν | 193ᵃ | 按照自然 |
| χάος το πρῶτον | 208ᵇ30 | 原始混沌 |
| χεῖρον | 189ᵃ4 | 劣些 |
| χρόνος | 200ᵇ22 | 时间 |

# 译 后 记

　　《物理学》是亚里士多德主要著作之一，思想绵密，风格古朴，不逞辞藻。译者为了保存这种特点，采取了直译的原则。于不易明白的地方适当加了一些注释。这样一来，只要细心读去是可以读懂的。

　　《物理学》是一部二千三百多年前的著作。那个时候古代希腊的哲学虽已经过了二百多年的发展，内容已很丰富，但要写一本像《物理学》这样全面的论著还是有困难的。困难之一在于，那个时候哲学和自然科学（当时是不分的）毕竟还很幼稚，希腊文中还没有足够的现成的哲学术语。因此，亚里士多德不得不在《物理学》中使用了一些不精确的日常生活用语表达复杂的学术概念，例如用"是"(τό ὄν)表示"存在"、"实体"，用"自己"(το αὐτό)表示"本质"，用"因自己"(καθ' αὑτό)表示"因本质"，用"时间"(ὁ χρόνος)和"现在"(το νῦν)分别表示时间的延续段和划分点。甚至用谜语般的手势语言ἐν ῷ表示运动变化的内容。此外，亚里士多德采用前人的一些术语，如 αἱ ἀρχαί(开始、本原)和 τα αἴτια(原因)这些词儿来概括物质、形式、目的和推动力四者，仔细推敲起来也未必妥帖。

　　当初作者写作的这种困难今天成了译者翻译的困难了。怎么办？对两种情况我作了不同的处理。（一）随着哲学、逻辑学、语言学等有关学科的发展，后世出现了相当的术语的，我们对两者的内涵进行了仔细的比较和推敲，凡能证明是一个东西的，我们便用了后世的术语翻译它们了。属于这一类的，除了上述"实体"、"存在"、"本质"等外，还有如，将 τό συμβεβηκόs（附随者）译为"偶性"，κατα συμβεβηκόs 译为"因偶性"，等等。（二）当初亚里士多德当作术语，但后来在哲学上没有形成重要概念，因而没有再出现相当的术语，也就是说从术语的队伍里消失了的。对于《物理学》的这些术语我虽然经过努力想尽可能将它们译得像个术语一些，但是其中译者自己就满意的不多。如 τό μεταξύ 译为"间介"，τό κινεῖσθαι 译为"运动着"，το ἅμα 译为"在一起"等等，简直不像术语。然而，于无可奈何之余也只好先公之于众，求得大家指教了。

这个中译本系从勒布古典丛书（1929 年纽约版）希腊文原文直接译出。勒布古典丛书本附有佛朗西斯·科福德（Francis M. Cornford）的英文译文，本意便于人们对照阅读，然而这位英译者片面追求英文本身的形式完美，因辞害意的地方很多，我不大参考它。在我对初稿进行修改时，郭斌和老师指点参考罗斯（Ross）主编的亚里士多德全集英译本。我找到了它的 1930 年牛津版。这个本子比较接近原文。希腊文分词和动词不定式用意是比较难把握的，这个英文译本在处理这些难点上对我有不少启发。

在本书翻译过程中郭斌和老师除了不断给予热情鼓励而外，还具体帮助解决了不少希腊文方面的疑难，最后又全篇校读一过，在此对他表示难忘的谢意。全稿译成后，曾请汪子嵩同志根据英译本进行校阅，并此致谢。

译　者

1980 年 8 月记于南京大学历史系

**图书在版编目(CIP)数据**

物理学/(古希腊)亚里士多德著;张竹明译.—北京：
商务印书馆,1982.6(2022.11 重印)
（汉译世界学术名著丛书）
ISBN 978 - 7 - 100 - 01164 - 8

Ⅰ.①物…　Ⅱ.①亚…②张…　Ⅲ.①物理学—
研究　Ⅳ.①O4

中国版本图书馆 CIP 数据核字(2010)第 247151 号

汉译世界学术名著丛书

**物　理　学**

〔古希腊〕亚里士多德　著

张竹明　译

商　务　印　书　馆　出　版
（北京王府井大街 36 号　邮政编码 100710）
商　务　印　书　馆　发　行
北京艺辉伊航图文有限公司印刷
ISBN 978 - 7 - 100 - 01164 - 8

1982 年 6 月第 1 版　　开本 850×1168　1/32
2022 年 11 月北京第 10 次印刷　印张 9½　插页 1

定价:48.00 元